传统村落规划研究

方群莉／著

合肥工业大学出版社

图书在版编目(CIP)数据

徽州传统村落规划研究/方群莉著.—合肥:合肥工业大学出版社,2019.10

ISBN 978-7-5650-4647-6

Ⅰ.①徽… Ⅱ.①方… Ⅲ.①乡村规划—研究—徽州地区 Ⅳ.①TU982.295.42

中国版本图书馆CIP数据核字(2019)第198812号

徽州传统村落规划研究

方群莉 著 责任编辑 朱移山

出 版	合肥工业大学出版社	版 次	2019年10月第1版
地 址	合肥市屯溪路193号	印 次	2020年3月第1次印刷
邮 编	230009	开 本	710毫米×1010毫米 1/16
电 话	人文编辑部:0551-62903310	印 张	17
	市场营销部:0551-62903198	字 数	293千字
网 址	www.hfutpress.com.cn	印 刷	安徽联众印刷有限公司
E-mail	hfutpress@163.com	发 行	全国新华书店

ISBN 978-7-5650-4647-6 定价:48.00元

前　言

“一生痴绝处，无梦到徽州”。徽州，简称“徽”，古称歙州、新安。徽州一府六县，即歙县、黟县、休宁、祁门、绩溪、婺源，府治在现歙县徽城镇，前四个县现属安徽省黄山市，绩溪县今属安徽省宣城市，婺源县今属江西省上饶市。这里群山环抱，碧水长流，文化昌盛，历史悠久。享有“东南邹鲁”的美誉。徽商、徽文化等闻名遐迩影响深远。

一

传统村落一般指古村落。徽州传统村落是指地处徽州地区，有一定的历史年代，村落选址、建筑、空间布局、街巷肌理及村落环境等物质形态保存较为完整，保存了大量的非物质文化遗产，蕴含了丰富徽文化的古村落。

在徽州约1.3万平方千米的土地上，保存了数目众多、极具价值的古村落及古建筑遗存。我们深入研究这些宛若珍珠散落于青山绿水中的传统村落会发现，其遵循中华民族传统的“天人合一”哲学思想和世代相传的风水理论，追求自然、建筑、人的和谐共生，总体布局、空间格局、街巷肌理和节点的设计具有特定的生长和演变规律，创造了宜居、亲切、别具一格的空间；成千上万幢以“粉墙、黛瓦、马头墙”为特征的徽州建筑遗存，包括“徽建三绝”的民居、祠堂、牌坊以及书院、园林、寺庙、亭、台、阁、桥等，历经严酷自然和峥嵘岁月的洗礼，至今仍散发着独特的生态科学与艺术文化魅力。这些都是弥足珍贵的文化遗产。

徽州传统村落规划，一是自然资源得到充分利用。如：在建筑密集的村落中，街巷除满足功能要求外，还根据风向合理布局形成自然通风渠道，同时考虑太阳高度角的变化和空间感受，形成徽州街巷特有的空间尺度；建筑的布局和朝向充分考虑采光的要求，其中天井的设计具有很强的生态学意义；强调水系的整体设计，注重水系和村落空间环境的整体协调关系，在满足功能需求的同时，还注意建构水生态文化内涵。

二是在景观和建筑营造时吸纳采用诸多生态科学技术，这些对现代的规划和建筑设计观念与技术方面都具有较强的借鉴意义。

二

改革开放以来，尤其进入21世纪，国家重视历史文化遗产的保护，出台了一系列文物保护的法律法规。2012年9月，为突出古村落的文明价值及传承的意义，中国传统村落保护和发展专家委员会第一次会议提出“传统村落”的概念，其内涵等同于相关学者常提的“古村落”。从2012年12月至今，住房城乡建设部、文化部、财政部三部门已公布5批中国传统村落名录，徽州古村落凭借丰富的建筑遗存、完整的村落形态，每一批都有不少数量的古村落入选，仅黄山市就有271个典型的徽州古村落入选为中国传统村落。

近几年，习近平总书记在不同场合都强调了乡村的保护和建设，国家尤其注重传统村落的保护和乡村的建设。随着党的十九大乡村振兴战略的实施，乡村建设面临前所未有的机遇和挑战。2018年9月26日，中共中央、国务院印发了《乡村振兴战略规划（2018—2022年）》，要求各地区各部门结合实际认真贯彻落实，传承和发展乡村优秀传统文化，切实保护村庄的传统选址、格局、风貌以及自然和田园景观等整体空间形态与环境，全面保护文物古迹、历史建筑、传统民居等传统建筑。

三

根据国家统计局统计数据，截至2018年底，我国的城镇化率为59.58%。城镇化的快速发展，大量人口的外迁，也使徽州传统村落发展面临着如下困境：

一是徽州传统村落空心化、衰败现象日趋严重。徽州传统村落整体风貌长期缺乏有效保护，基础设施和公共服务设施匮乏，古建筑年久失修，破损严重；街巷空间与现代交通扩展的矛盾，传统民居建筑尺度、空间布局与现代功能需求的矛盾等日益尖锐。这直接导致大量农村人口流入城市，村落人口迅速减少。

二是传统文化受到冲击，地域特色缺失，文化传承面临危机。随着城乡一体化的推进，新型城镇化战略和美丽乡村建设的实施，徽州传统村落为适应发展，进行了大规模的建设和旅游开发，由于缺少科学的乡村规划设计，在开发建设中，乡村“城市化”现象严重，“城市化”的广场、花卉、雕塑等在传统村落建设中遍地开花，一栋栋洋楼拔地而起，且商业化气息浓厚，大量的古建筑被拆除，传统村落特有的文脉肌理和文化基因在开发中逐渐消逝。

三是徽州传统村落生态环境，尤其是水环境遭到破坏。现存的徽州传统村落多依山傍水，自然环境优美，生态资源丰富，这些是传统村落价值的重要体现。但随着人们对山水环境的向往，乡村游兴盛，由此导致过度的旅游和商业开发，土地、植被突破自身的承载能力，水资源短缺且污染严重，生态环境遭到破坏。

四

在乡村振兴战略指导下，要解决乡村的发展问题，首先需要改造和完善满足乡村现代需求的基础设施和公共服务设施。但不能照搬城市的建设模式，应根据乡村的特殊性，同时兼顾各个村落的历史文化特色和资源条件，因地制宜地进行规划，以建设美丽宜居的乡村。徽州传统村落作为宝贵的历史文化遗产，其规划布局和建筑特色鲜明，承载的传统文化深厚，其本身在当今城镇化建设中，更应处理好保护和发展的关系，尤其要注意地域文化的传承和创新。同时，当今科技高度发达，建筑理念与技术一日千里，更应深度发掘和总结徽州传统村落规划布局和徽州建筑所蕴含的生态绿色理念、技术与艺术文化，以贡献于当代。

目　录

第1章　徽州传统村落概述

1.1　徽州传统村落定义

1.1.1　徽州概述

明代戏剧名家汤显祖游历徽州后留下名句：“一生痴绝处，无梦到徽州。”作为徽文化发源地的徽州，古称歙州、新安，辖“一府六县”，“府”即徽州府，“六县”为歙县、黟县、休宁、绩溪、祁门、婺源。从文化角度，徽学与藏学、敦煌学并称为中国地域文化三大显学，徽文化源远流长，内容广博深邃。从行政地理方位，指今安徽省南部与江西省、浙江省两省接壤处。

徽州，在新石器时代，就有人在此繁衍生息；春秋战国时期，先后属于吴国、越国、楚国；秦始皇统一六国后，采取郡县制，在此设黟县、歙县，属于三十六郡之一的会稽郡。隋文帝开皇九年（589）全国将郡改为州，州统辖县，此地属歙州，即今之徽州的基本地域。唐大历五年（770），歙州管歙县、黟县、休宁、绩溪、祁门、婺源六县，基本确立了此后的“一府六县”制。北宋徽宗宣和三年（1121），歙州更名为徽州。至此，历经宋、元、明、清，“一府六县”从未变更。

民国二十三年（1934），婺源县划属江西省，1947年婺源县重新被划回安徽省。1949年，婺源县再次划属江西省。1988年4月徽州地区改为地级黄山市，辖三区四县，即屯溪区、黄山区、徽州区和歙县、黟县、休宁县、祁门县，绩溪县划归宣城市。

2008年，国家成立“徽州文化生态保护试验区”，范围为黄山市的三区四县、宣城市的绩溪县和江西省的婺源县，是第一个跨省区的文化生态保护试验区，打破了行政区域对地域文化传承的限制，旨在整体保护和传承徽文化。徽州作为“文化徽州”的概念，不少学者认为不仅包括“一府六县”，至少还包括受徽文化影响深远的宣城市的泾县和历史上曾属于过徽州的旌德县、池州市的石台等县，甚至扩展到皖南区域以及受徽文化和徽商影响较大的江浙地域。

1.1.2 徽州传统村落定义

提及徽州常涉及的有“徽文化”“徽州建筑”“徽州传统村落”等概念。徽文化孕育了造型独特的徽州建筑（图1-1）和独一无二的徽州传统村落（图1-2），徽州传统村落和徽州建筑是徽文化重要的物质载体。

图1-1 徽州建筑——西递

图1-2 徽州传统村落——宏村

清代徽州籍文人程庭在其著作《春帆纪程》中对徽州建筑群描写道："徽俗士夫巨室多处于乡，每一村落，聚族而居，不杂他姓。其间社则有屋，宗则有祠……乡村如星列棋布，凡五里十里，遥望粉墙矗矗，鸳瓦鳞鳞，棹楔峥嵘，鸱吻耸拔，宛如城郭，殊足观也……"至今，虽经历史风雨，较完整保留下来的徽州传统村落及古建筑数量众多。在群山环绕中，传统村落以其独特的构建形态、粉墙黛瓦的建筑风格、精雕细琢的"三雕"艺术、精致古朴的园林结构闻名于世，体现出山水自然与人文的和谐统一（图1-3）。

图1-3　徽州传统村落——篁岭

本书"前言"中已经说明了"古村落"与"传统村落"概念的转换。对于古村落的定义，目前尚无统一的标准。刘沛林先生认为古村落是古代保存下来的，村落地域基本未变，村落环境、建筑、历史文脉、传统氛围等均保存较好的村落。丁怀堂先生则认为只要满足以下四个条件的村落即为古村落：一要有比较悠久的历史，而且这个历史还被记忆在这个村庄里面；二要有丰富的历史文化遗存，这个遗存包括物质的，还包括非物质的；三要基本保留原来村庄的体系；四要有鲜明的地方特色。朱晓明教授认为："所谓古村落是指民国以前建村，保留了较大的历史沿革，即建筑环境、建筑风貌、村落选址未有大的变动，具有独特民俗民风，虽经历久远年代，但至今仍为人们服务的村落，作为完整的生活单元，它们由于历史发展中偶然兴衰因素的影响，至今空间结构保持完整，留有众多传统建筑遗迹，且包含了丰富的传统生活方式，成为新型的活文物。”

本书所说的徽州传统村落是指地处徽州地区，有一定的历史年代，村落选址、建筑、空间布局、街巷肌理及村落环境等物质形态依然保存较为完整，并保存大量的非物质文化遗产和蕴含了浓厚徽文化的古村落。

1.2 徽州传统村落的价值和构成要素

1.2.1 徽州传统村落的价值

徽州传统村落是徽文化的重要物质载体，也承载着丰富的中国传统建筑文化内涵，其价值主要体现为以下几方面。

一是保留了较完整的传统村落原型，其选址、空间布局、街巷肌理和建筑单体充分尊重自然，与山水环境和谐统一，形成独特物质空间和人文景观风貌，也蕴含了独特的历史和地域文化，充分体现了天人合一的哲学思想。

二是徽州作为程朱理学的故乡，聚族而居，封建宗法制度尤为突出。村落中祠堂、牌坊等礼制建筑数量众多，为研究徽州封建宗法制度提供了解剖典型。

三是以白墙黑瓦、马头墙为特征的徽州建筑，兼具干栏建筑和中原建筑的特点，并形成自己的独特审美风范。

四是徽商是中国古代的重要商帮之一，是传统村落的主要建造者、推动者，所谓“无徽不成镇”。徽州传统村落的命运也与徽商兴衰紧密相连。因此，保存完好、历史遗产丰富的徽州传统村落，如被列入全国重点文物保护单位和世界文化遗产名录的宏村、西递，为我们研究徽商的生活提供了活的标本。

1.2.2 徽州传统村落的构成要素

徽州传统村落的构成要素主要有物质要素和非物质要素。物质要素由人工环境和自然环境组成；非物质要素主要指具有鲜明的徽文化地方特色的风俗、习惯、生活方式等。本书主要对其物质要素进行论述。

（1）民居

民居是徽州传统村落中数量最多的一类建筑，与祠堂、牌坊被誉为“徽州建筑三绝”。古民居融合了干栏建筑与中原建筑的特征，在特定的自然、地理、气候、社会、历史等基础上，逐步形成粉墙黛瓦、马头墙、四水归堂等地域特色鲜明的建筑风格（图1－4、图1－5）。

图1-4　地域特色鲜明的徽州古民居

图1-5　地域特色鲜明的徽州古民居

（2）祠堂

宗族是以血缘关系为纽带，以父系家族为脉系，并具有一定权力和威信，体现家庭、房派、家族等宗亲间社会结构体系，是一种民间社会组织结构形式。受根深蒂固的宗族观念影响，徽州人聚族而居；祠堂是徽州建筑中规模最大、最宏伟的建筑，始建于宋代，明清进入鼎盛时期，“祠堂连云”成为徽州村落的一大特色，民国《歙县志》卷一《舆地志·风土》中记载：“邑俗旧重宗法，聚族而居，每村一姓或数姓；姓各有祠，支分派别，复为支祠，堂皇闳丽，与居室相间。”

徽州有历史记载的祠堂多达6000多座，现保存完好、典型的祠堂建筑有呈坎罗东舒祠、绩溪龙川胡氏宗祠、西递的敬爱堂、棠樾的清懿祠、歙县北岸的吴氏宗祠、黟县南屏叶氏祠堂、屏山舒庆余堂、旌德江村溥公祠和江氏宗祠、大阜潘氏宗祠、祁门渚口的倪氏宗祠等（图1-6至图1-10）。

图1-6　黟县南屏叶氏祠堂

图1-7　绩溪龙川胡氏宗祠

图1－8　呈坎罗东舒祠

图1－9　江村江氏宗祠

图1－10　屏山舒庆余堂

徽州古祠堂通过天井进行采光和通风，高墙封闭、无窗户，整体平面一般呈矩形、中轴对称，山墙呈梯形跌落，讲究大门，气势恢宏，内部空间层次丰富，雕刻精美。

（3）牌坊

关于牌坊的定义，《辞海》：牌坊是一种门洞式的纪念性建筑物，一般用木、砖、石等材料建成，上刻题字，旧时多建于庙宇、陵墓、祠堂、衙署和园林前或街道路口，在建筑上起到组织空间、点缀景观的作用，其内容多为宣传封建礼教、标榜功德[4]。

牌坊是程朱理学思想的物化形态，也是徽文化的重要物质载体。

明清时徽州牌坊众多，休宁建有各类牌坊 185 座，绩溪建有 182 座，婺源建有 156 座；而曾为徽州府所在的歙县，更多达几百座，现存的牌坊就有 82 座，占目前整个徽州地区现存牌坊的九成[5]。徽州地区牌坊无论过去建立还是现在遗存，数量均多，因此有“牌坊之乡”的称誉（如图 1－11）。

图 1－11　西递胡文光刺史牌坊

（4）社屋

社屋是指用于祭拜社稷的重要公共建筑，比如宏村的社屋、呈坎的长春社（图 1－12）。

图 1－12　呈坎长春社

（5）书院

享有“东南邹鲁”的徽州，重视教育，文风昌盛，“十户之村不废耕读”。北宋景德四年（1007），安徽第一所书院——桂枝书院在徽州绩溪创立。明代徽州人口 56 万，大小书院 52 所，学堂、家塾 462 所[6]。

徽州书院主要分为官办、族办和私学三种类型，官办以歙县紫阳书院最负盛名，宏村的南湖书院（图 1－13）、雄村的竹山书院（图 1－14）都属于族办书院。

图 1－13　宏村南湖书院

图 1-14　雄村竹山书院

(6) 桥

“川河似练水如天，千年徽州皆古桥。”徽州古桥数量众多、类型丰富，给妩媚秀丽的山川增添了一道独特的风景线，构成了徽州传统村落的景观要素之一。

从建筑材料方面分，有石桥、砖桥、木桥以及木石混筑桥，其中以石桥数量最多，因为徽州地区盛产石材，石桥造型多样，有拱桥、平桥、曲桥、廊桥等。古桥架于溪水之上，比如西递的古来桥或汇源桥，除承担通行功能外，还打破河流单一的线性空间，从而增加景观的层次性；或位于村口，如西递的梧庚桥，与村口的走马楼、胡文光刺史牌坊、古民居及周边的自然环境共同组成了优美的构图，还有宏村的画桥（图 1-15）；或点缀于村落的水口园林中，比如南屏的万松桥（图 1-16）、西递的环抱桥融于山、水、树木等自然环境之中，水口景观丰富。

除此，徽州的廊桥也很有特色。桥上建造了走廊或屋宇，除了具有交通功能，还能遮风挡雨，又为村民提供了重要的休闲活动场所。徽州地区现存比较著名的廊桥有婺源清华镇的彩虹桥（图 1-17）、歙县北岸廊桥（图1-18）、歙县许村的高阳桥等。

图 1－15　宏村画桥

图 1－16　南屏万松桥

图 1－17　婺源清华镇彩虹桥

图 1－18　歙县北岸廊桥

（7）塔

塔一般位于村外重要景观区域，先民用来辟邪，同时具有标识和引导方向的作用，比如徽州区岩寺的风水塔。

（8）亭、台、楼、阁

亭、台、楼、阁是水口园林的重要组成部分。具有代表性的是绩溪石家村的魁星阁，其设计、建造体现了对明朝的怀念，寓意深刻。

(9) 园林

徽州园林主要包括水口园林和庭院园林。

① 水口园林

水口园林是徽州传统村落特有的园林形式，一般与村口有一定的距离，讲究选址、布局，环境优美。水口的布局追求“两山对峙，涧水环匝村境”的理想环境，做到“狮象把门，园林锁口”。山、水、树、建筑是构成徽州水口的景观要素。“水口山”指水流出口处两岸之山，“水去处若有高峰大山，交牙关锁，重叠周密，不见水去，……其中必有大贵之地”[7]，水口山多以“龟蛇”“狮象”之类的动物命名。视水为财富的徽州人认为水流入之处需要开敞，流出之处当封闭，因此更注重出口的设置，追求“藏风聚气”，并建亭、桥、楼、台“关锁气势”，形成水口地带的九曲回肠、山环水绕的空间效果。为藏气，水口广种树木，与山、水、建筑形成优美的村落景观。徽州区潜口镇的唐模村水口、南屏村水口等是徽州水口园林的典范。

② 庭院园林

庭院园林是徽州传统建筑的附属部分，表现出江南园林的共性，又受自然、气候和徽文化的影响呈现独有的特性。比如西递的西园、宏村的碧园等。

(10) 人工水系

人工水系是徽州古人利用自然、改造自然建造的重要水利工程，不仅满足村民饮用、洗涤等生活和农田灌溉生产之需，而且具有排水、消防和改善气候的作用。徽州古人不仅视水为财富，且擅于用水，几乎每个村落都有完善的人工水系，其中宏村的牛形水系（图1-19）与西递、宅坦的水系最负盛名。

图1-19　宏村的牛形水系——水圳

(11) 山水环境

山水是构成徽州传统村落的不可或缺的一部分，徽州传统村落在建设时，重视山体、土壤、植被、风向和水系对村落布局的影响。

第2章　徽州传统村落和徽州建筑演变

2.1　徽州传统村落演变

具有鲜明地域特征的徽州传统村落风貌受多方面因素的影响，其演变存在特殊性，除了自然、经济、社会因素外，历史上文化的碰撞与交融起着关键的作用。原先的原始定居型村落逐步演变成稳定的移民型村落。千年来，徽州传统村落经历了形成、发展、成熟、衰落和再发展等阶段。

2.1.1　原始定居型村落

"聚落"一词，起源很早，《史记·五帝本纪》记载有："一年而所居成聚，二年成邑，三年成都"，注释中称"聚，村落也。"[8]人类的第一次大分工是农业从畜牧业中分离出来，形成了固定的居民点——聚落；随着生产力的提高和剩余产品的产生，出现了以产品交换为目的的阶层——商人，促成了商业、手工业从农业、畜牧业中分离出来，产生了聚落的分化，形成了以从事农牧渔业为主的村落和以商业手工业为主的城镇。

从已发掘出的绩溪胡家村，歙县新州、下冯塘，徽州区桐子山，黄山区蒋家山等20余处新石器遗址可知，徽州先民的营造活动可追溯到新石器时代。商周时期这里属于百越之地，山越部落尤为兴盛[9]。从邻近徽州的繁昌县缪墩遗址还发现密集的木桩遗存（木桩有砍削痕迹），由其排列方式推测，在新石器时代晚期至商周时期，徽州地域可能出现了原始干栏式建筑的雏形[10]。

春秋战国时期，徽州地域先后归吴、越、楚，原有文化与吴、越、楚文化相互碰撞、交融，产生了新质文化——古越文化。文化的碰撞促进了干栏建筑的发展，现今黟县深山的干栏木楼和歙县渔梁的吊脚楼仍保留早期干栏建筑的某些特征。这个时期此地为古越人的聚居地，为原始的定居型村落。

2.1.2　形成阶段

从东汉开始，以“晋、宋两难渡及唐末避黄巢之乱，此三朝为最盛”，中原战乱频繁，为了躲避战争，大批中原贵族、商人、平民纷纷南迁于环境优美、交通闭塞的徽州，他们带来了巨大的财富、领先的理念和先进的生产建筑技术。中原文化强势入驻，反客为主，与古越文化相互冲突、转化和交融，形成“徽文化”，并孕育徽州建筑。中原人居住以四合院为代表的院落式住宅与古越人使用的干栏建筑融合，形成“厅井楼居”式的徽州建筑（图2－1）。

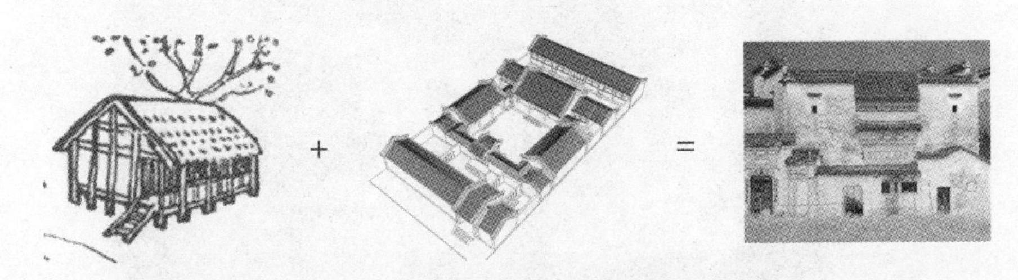

图2－1　“厅井楼居”式的徽州建筑

图片来源：根据资料绘制

由于中原士族固有的宗族制度，此阶段大规模迁移的主要特征是有组织的举族迁移；加上长期受战争的摧残，于是多选地势险要、易守难攻之地，“依山阻险以自安”是这一时期村落选址的主要特征，且聚族而居。

2.1.3　发展阶段

自南宋经元到明初三百多年，中原文化和古越文化冲突、转化和融合后，兼具两者特点的徽文化在经济、社会稳定发展的背景下同步发展，徽州建筑型制趋于定型化，建造工艺和技术趋于成熟，建筑类型增多，比如规模庞大的宗祠和精雕细刻的牌坊，从现有资料看，徽州宗祠起源于宋代[11]，但是保留下来的宋元时代的宗祠数量极少。

这一时期经济社会相对安定，作为“朱子桑梓之地”的徽州，读书重教、科举入仕蔚然成风。“耕以务本，读以明教”，在这种耕读文化主导下，徽州传统村落形成了朴素、亲切、乡土的田园风格。

2.1.4　成熟阶段

明初到清中期是徽文化兴盛时期，徽商迅速崛起。徽州传统村落逐渐进入成熟和繁荣时期。该时期村落以宗族血缘、宗法制度为核心，村落选址遵循周易风水理论，村落空间注重人与自然环境的关系，追求天人合一的理想境界。富甲一方的徽商深受程朱理学的教化，以光宗耀祖为目标，输金故里，对村落进行大规模的建设，修建祠堂、书院、牌坊、桥亭以及数量众多的民居（图2－2、图2－3）。徽商的崛起在很大程度上使得徽州传统村落走向成熟，达到鼎盛时期。

图2－2　徽州古民居（西递）

图2－3　徽州古民居（宏村）

在明清时期，被誉为“徽州三绝”的古民居、古祠堂、古牌坊的营造水平和数量都达到了历史顶峰。这些建筑空间布局和结构基本不变，只是某些建筑构件逐渐演化，建筑风格日趋华丽，重雕琢，石雕、木雕、砖雕精美，具有很强的装饰性。

2.1.5 衰落阶段

清末至近代，徽州建筑缺少了清时期的精雕细刻，也丧失了明建筑的质朴，传统建筑形制和技术工艺处于停滞状态。随着徽商没落和太平天国战争的重创，徽州传统村落和徽州建筑陷入衰落之境。

徽商的没落使徽州传统村落发展失去经济基础。徽商主要经营的行业有盐业、布业、木业、茶业等。徽商从道光年间开始失去世袭的行盐专利权，盐商纷纷破产；洋纱、洋布以及新兴银行业的兴起，对徽州的布商以及徽商在金融界地位影响较大；持续十余年之久的太平天国运动又主要发生在徽商重要行商地的长江中下游地区，使得徽商沿江贸易受阻。

太平天国直接给徽州村落和建筑带来严重破坏。徽州历史上鲜有战争，却是清军和太平天国起义军的反复争夺地带，在多年持续的战争中，不仅徽商的资本受到严重损害，很多村落也几乎毁灭。

西方建筑的渗透影响。近代出现了少量的“西化建筑”和若干将西方建筑元素融入徽州传统建筑的“中西合璧”式的建筑。黟县南屏有“小洋楼”之称的“孝思楼”（图2－4），南屏慎思堂前的西洋柱式（图2－5），模仿西方文艺复兴式府邸，与传统徽州建筑形成鲜明的对比。但由于这类建筑数量不多，对徽州村落面貌并未产生实质性的影响。

图2－4　黟县南屏“孝思楼”

图2－5　南屏慎思堂前西洋柱式

2.1.6　再发展阶段

改革开放以来，随着村民生活水平的提高，传统村落中建起了很多新楼房。随着国家对历史文化遗产保护的日渐重视，徽州传统村落的保护和传承进入再发展阶段。

综上，徽州传统村落经历了原始定居型、形成、发展、成熟、衰落和再发展等阶段。具体如图 2－6 所示。

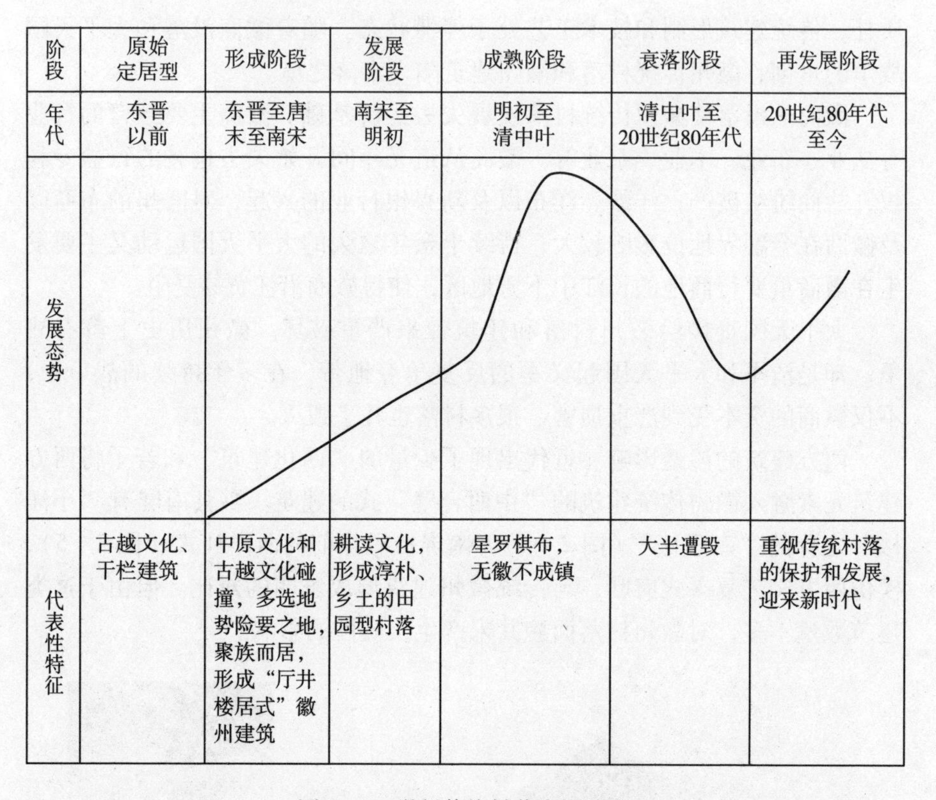

阶段	原始定居型	形成阶段	发展阶段	成熟阶段	衰落阶段	再发展阶段
年代	东晋以前	东晋至唐末至南宋	南宋至明初	明初至清中叶	清中叶至20世纪80年代	20世纪80年代至今
发展态势						
代表性特征	古越文化、干栏建筑	中原文化和古越文化碰撞，多选地势险要之地，聚族而居，形成“厅井楼居式”徽州建筑	耕读文化，形成淳朴、乡土的田园型村落	星罗棋布，无徽不成镇	大半遭毁	重视传统村落的保护和发展，迎来新时代

图 2－6　徽州传统村落发展阶段

2.2　徽州传统村落扩散

大规模的中原移民迁至封闭的徽州后，为了能够抵御自然和人为的侵害，延续了严密、完整的宗族制度，加上推崇在此根深蒂固的程朱理学，往往是依靠血缘为关系同姓同宗的一个大家族居住在一块，在村落里占据主导地位，拥有共同的祠堂等公共空间，聚族而居成为徽州传统村落的基本特征。清代徽州籍学者赵吉士《寄园寄所寄》卷一一道：“新安各族聚族而居，绝无一杂姓掺入者”；清光绪《婺源乡土志·婺源风俗》：“（婺源）乡落皆聚族而居，族必有谱，世系数十代。”研究宏村的祠堂分布可知，汪家祠堂数量多且占据村落的核心位置；韩家祠堂、吴家祠堂、万家祠堂位于村落的东部，位置偏远。可见大姓汪姓占据村落的核心和西边，拥有大部分面积；杂姓居住在村落的东边，体现了村落聚族而居的特征。

但是，徽州地区可利用土地少，随着人口繁衍，生存日益紧张，家族逐步开始另迁别处，从而衍生出更多的村落。以“十姓九汪”徽州大姓汪姓的扩散为例，有人通过对汪氏正脉宗谱研究，指出：“汪华长子建，子孙世居歙县唐模、岩寺、休宁阳湖、黟县宏村等地；次子灿，为培川汪氏始祖；三子达，子孙居绩溪尚田，歙县富溪等地；七子爽，子孙世居绩溪澄源，婺源的还珠、梧村等地，四子、六子、八字的后裔迁出徽州；五子、九子早年卒，无传。”[12] 据《休宁名族志》记载，休宁汪氏的居住地达到46处[8]，故有“汪姓者，皆汪华之后”之称。

2.3 徽州建筑演变

追溯徽州建筑的演变历程我们可以看出，地域生态环境、历史文化变迁、建筑材料与技术的更新等在其历史变迁中起着重要作用。

2.3.1 自然环境因素的影响

(1) 特殊的地形地貌

建筑根植于环境，徽州建筑的形成离不开徽州的水土。清代顾炎武《天下郡国利病书》卷三十二关于“徽州府”有描述：“徽之为郡，在山岭川谷崎岖之中，东有大郭山之固，西有浙岭之塞，南有江滩之险，北有黄山之厄。即山为城，因溪为隍。百城襟带，三面距江。地势斗绝，山川雄深。自睦至歙，皆鸟道萦纡。两旁峭壁，仅能通车。”徽州地势险峻，主要以山地、丘陵为主，境内有世界文化与自然双重遗产黄山以及天目山和齐云山，徽州山川秀丽、风景旖旎。

徽州为新安江发源地，除了母亲河新安江外，还有率水、黟水、练江等支流贯穿全境。河流时而舒缓，时而湍急；时而清澈、静谧，时而气势磅礴，山水环境丰富多变。

徽州古人利用得天独厚的山水环境，充分尊重自然，将古朴典雅的徽州建筑和传统村落融于自然环境中，依山傍水而建，追求建筑与自然的和谐统一。散落在青山绿水之中的一幢幢建筑，一个个村落，宛如一幅幅静谧、空幽的山水墨画（图2－7、图2－8）。

图2－7　徽州传统村落和建筑融于山水之中

图2－8　徽州传统村落和建筑融于山水之中

(2) 封闭、淳朴的生态环境

崇山峻岭、山清水秀的环境促使徽州人建构时崇尚自然法则，追求天人合一；但相对封闭独立的生态空间也影响了徽州人建构时的美学风格。在平淡自然审美观指导下，徽州建筑呈现出简单、淳朴的风格特征，不仅其外观简洁、典雅（图2-9），而且内部装饰“三雕”精雕细琢，但呈现的却是质朴、自然之美，无奢靡之风（图2-10、2-11）。

图2-9　徽州建筑呈现简洁、典雅之美

图2-10　徽州建筑内部装饰

图 2－11　徽州建筑内部装饰

（3）生态建筑原材料

徽州“八山一水一分田”，拥有丰富的林木资源，森林覆盖率高，杉、松、樟、楠、楮、银杏、竹等约有百余种。丰富的木材为徽州建筑木结构体系提供了保障（图 2－12）。徽州建筑在选材方面也极其讲究，譬如徽州祠堂内梁柱硕大，一般会选用名贵的木材，比如银杏木、楠木。西递的胡氏宗祠内柱子采用了银杏木；歙县潜口汪氏金紫祠有 100 根硕柱，内柱为楠木；呈坎罗东舒祠的正堂梁为银杏木，内四根硕大的柱子为金丝楠木。相比祠堂的木结构，民居则相对轻巧些。

除了木材外，徽州还盛产优质石材。这些石材比如黟县青被大量用做牌坊、铺地、柱础、抱鼓石等（图 2－13、图 2－14）。

图 2-12　徽州祠堂建筑木结构

图 2-13　抱鼓石

图 2-14　柱础

2.3.2　文化的交融催生“厅井楼居式”的徽州建筑范式

中原文化强势入驻徽州地区后，反客为主。他们带来了成熟的文化和先进的生产技术，也引进中原地区的建筑形式和建造技艺。本土的干栏建筑和中原以四合院为代表的院落式建筑相互借鉴交融，产生了兼具两种建筑特征的“厅井楼居式”徽州建筑（图 2-1）。

(1) 中原院落式建筑演变

① 讲究中轴对称和等级性

与古越族相比，中原地区拥有成熟系统的文化意识，崇尚儒家道德伦理秩序，坚守宗法制度，聚族而居。中原建筑以北方官式建筑为基础，讲究礼制秩序和格局，体现等级制度，有森严的宗祠、支祠和家祠等级系统。平面布局注重中轴对称，讲究等级性，譬如：四合院布局严整、中轴对称，体现强烈的对称美、秩序美；建筑整体主次分明，等级性通过各空间的规模、高低、形状沿轴线展开，内外有别，整个建筑布局体现家族（庭）的尊卑和等级关系（图2－15）。随着大批移民的迁入，传统礼制思

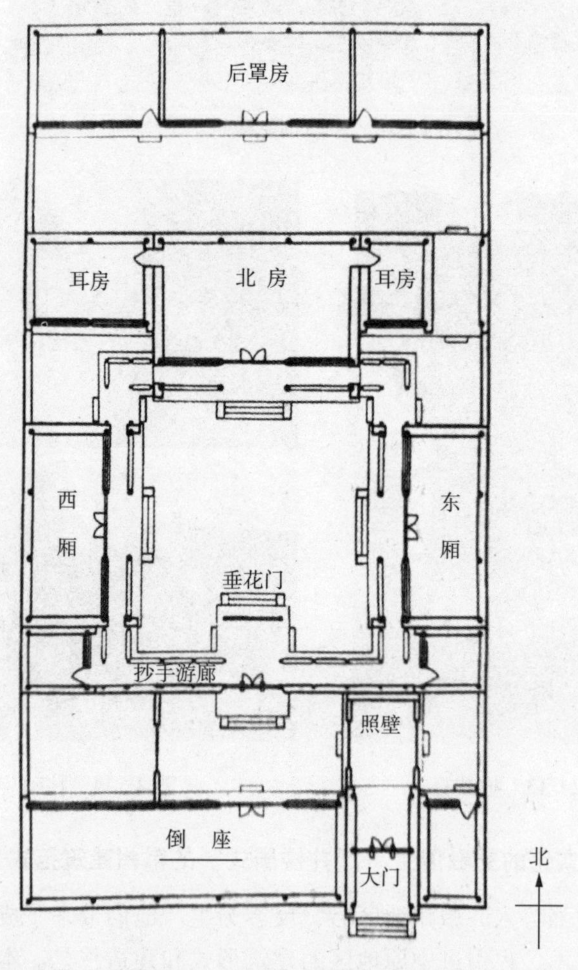

图2－15 标准三进院四合院平面

图片来源：潘谷西．中国建筑史［M］．北京：中国建筑工业出版社，2004：93.

想在徽州地域生根发芽，成为影响该区域建筑的主流思想。“厅井楼居式”的徽州建筑传承了中原建筑文化，将礼制、封建等级理念渗透于建筑布局和空间中。徽州建筑中不管是讲究伦理的祠堂、社屋，还是数量众多的民居，平面均规整、严谨，中轴对称，空间沿着主轴纵深方向展开，主轴的前后、左右各空间在尺度、规模和高低上各有不同，体现尊卑序列和男女有别。譬如祠堂沿着轴线越深入，所需的身份越高。徽州民居平面的类型有“凹”形平面、“回”形平面、“H”形平面和“日”形平面等，从平面布局分析可知，中间为堂、两旁为室，中轴对称，各空间的规模、尺度以及内部装饰体现长幼序列、男女有别。譬如歙县“资政第”的空间，择中的宏阔的官厅、居于陪衬位置的厢房，以及私密性空间的内室，均服从于伦理化、礼仪化的要求[8]；当有客人时，未出阁的女子不能随意地在厅堂走动等。

② 从院落演变为天井

中原地区院落式建筑平面布局以院为空间组织形式，建筑空间围绕院落沿四周展开。中原移民将中原建筑文化移植于该地域，但受自然、地理、气候因素的影响，不可能完全复制中原的建筑文化。徽州地域用地紧张，因而大院落在地少人多的徽州演变成狭长的天井（图2－16）。天井在徽州建筑中，承担了重要的功能，成为徽州建筑重要特征之一。

图2－16　院落演变成狭长的开井

③ 建筑结构

中原建筑一般为抬梁式构架，此结构优点为室内少柱或无柱，开间大，可利用空间大。徽州建筑在厅堂等大跨度空间，采用中原建筑抬梁式构架，扩大了室内空间，提高室内空间的利用率（图2－17）。

④ 砖、瓦的应用

古越族居住的干栏建筑材料主要为木材和竹子，用茅草盖顶。中原移民带来了先进的制砖和制瓦技术。随着人口和居住场所的迅速增加，山多地少的徽州，建筑密度大必然增加了火灾的概率，因此砖、瓦的运用在一定程度上降低了火灾隐患，且更持久耐用。

图2－17　徽州建筑在厅堂大跨度空间，采用中原建筑结构形式（旌德江村茂承堂）

（2）本土干栏建筑演变

① 楼居

古越人为适应潮湿环境和避免蚊虫野兽的侵袭建造了底层架空的干栏建筑。古越文化和中原文化碰撞交融后，受多雨、潮湿气候的影响，选择了古越建筑文化的“楼居式”，一般为两层，三层较少。从现存的徽州民居中研究发现，明代的徽州民居底层低、二层高，譬如呈坎的明代民居“燕翼堂”等，这与干栏木楼是相似的；而清以后的建筑底层高、二层低，居民的生活也从楼上转移到楼下，从层高演变可映证徽州建筑的演变历程。

② 建筑结构

干栏木楼采用穿斗式结构，该结构特点是整体性强，用料较少，柱子密集，空间使用受到限制。徽州建筑在厅堂等大跨度空间采用中原建筑的抬梁式结构基础上，针对较小的空间，比如两侧的厢房则采用了穿斗式结构，既有效利用进行空间的分隔，又节省了用料（图2－18）。

图 2-18　徽州建筑在两侧的厢房采用穿斗式结构

2.3.3　徽商的崛起影响

中原建筑文化和古越建筑文化碰撞产生了徽州建筑；而徽商的崛起促进了徽州传统村落和建筑的发展，并使其走向繁盛、成熟。

（1）徽商雄厚的资本对徽州建筑的影响

徽州传统村落和建筑的发展与徽商的兴衰几乎同步，徽商的鼎盛期也是徽州传统村落和建筑的繁盛期，两者必然存在着内在联系。

徽州物产丰富，但山多地少，可利用的土地少与人口众多的矛盾日益尖锐，粮食等生活资料供给不足，徽州男子不得不外出经商，正如歌谣所唱“前世不修，生在徽州，十三四岁，往外一丢”。凭借着家族的互帮互助、诚实守信和对市场的敏锐度，在明中叶后四百余年里，徽商雄踞全国各地。重视传统礼制、宗族观念、深受儒学教化的徽商在外打拼中更体会到家族互帮互助的力量，荣归故里后，多以振兴宗族为首任，在家乡进行了大规模的建设，大量资金投入祠堂、牌坊、社屋、书院、桥、路等公益性建筑，并广建豪宅和园林，为徽州村落和建筑的发展提供了坚实的经济基础，村落日益繁荣。譬如，西递村以当时“江南六富”之一的胡贯三为代表的徽商，荣归故里后对家乡进行了大规模的建设，鼎盛时期，全村有28 座祠堂、600 多座宅院、13 座牌坊、20 余家各种行当店铺[8]。

徽州古民居外观简单、朴素，遵循森严的等级制度，建筑建造有严格的限制和规定，不得逾越。明代就有庶民庐舍“不过三间、五架，不许用斗拱、饰彩色”，不得用重檐、藻井、歇山、转角，就连瓦脊式样、门色、门环的质地，都有不同等级的规定[13]。徽商遵循礼仪制度，在不违反官方规定的基础上，尽可能地进行民居的内部装饰，因此内部装饰繁杂、精致，木雕、石雕、砖雕精美绝伦。

（2）徽商的“儒”学思想对徽州建筑的影响

徽商“贾而好儒”，大多有较高的文化素养和品位，深厚的儒学积淀不仅影响其经商行为，而且也深深影响他们的审美情操，并融入徽州建筑之中。其一，平面布局遵循礼制秩序，体现等级性。其二，徽商“儒”的特点，决定其重“名节”而不贪“享乐”。一方面表现为，徽州建筑雕刻精致、技法精湛，却不奢靡，追求天然、质朴的雕刻美；另一方面，徽商的价值取向和文化品位在很大程度上影响了徽州建筑艺术形式上的追求，平淡、自然，形成粉墙黛瓦、典雅、朴素的建筑观，雕刻面积大小、题材选择、风格都体现了徽商的审美标准和文化内涵。其三，象征财富的图形在建筑中被频繁运用，显示徽商社会地位的提高。譬如清朝徽商民居门厅的侧门普遍采用形似元宝的“商”字图案用于装饰门楣，无论从事何种职业，都要从“商”字下通过（图2－19）；再如建筑窗雕的铜钱纹与道路铺设成圆形方孔纹等。

图2－19　黟县屏山某民居“商”字图案

第3章　徽州传统村落规划中的风水理念

徽州雄村游子曹元宇对自己的故乡雄村赞不绝口，曾赋诗一篇，名为《题雄村图》：

> 练江蜿蜒村前绕，上接岑山下义城；
> 竹为饰山疏更密，云因护阁散还生[5]。

像这样如诗如画的传统村落景象，在徽州何止雄村！（图3－1）几乎每个村落都有其独特的魅力，人、建筑、环境，“天人合一”（图3－2）。

图3－1　雄村

图3－2　屏山

3.1 徽州传统村落选址布局

风水，较为学术的说法为堪舆，是中华民族历史悠久的一种玄术。上至帝王下到百姓都对风水极为推崇，在古代风水是探究天、地、人三者之间关系的一门学问，注重人与环境之间的联系，强调人与自然的和谐，追求天人合一。在其发展过程中，受科技文化水平的限制，具有浓厚的迷信色彩。今天我们揭开其神秘的外衣来辩证看待风水，其本质是尊重自然，强调的是人类居住之地与自然的和谐，旨在追求理想的居住环境。

徽州传统村落在选址和营造建筑时非常注重风水，从州治府邑、通商大镇、村落到营宅造园、门向灶台、墓葬坟冢都表现出浓郁的“风水”文化。

3.1.1 徽州传统村落选址方式

徽州人也一样，尊重自然、敬畏自然，认为自然环境的优劣会决定子孙后代凶吉祸福和村落的兴衰。他们在村落选址方面，遵循传统风水理论，其选址的方式多样。

（1）风水师相地法。这是徽州传统村落最常用的选址方式。风水师以传统的风水理论为指导进行实地勘察规划，按照觅龙、察砂、观水、点穴等步骤来框定村址。

（2）墓庐茔庄卜筑。徽州重视孝道，历代有结庐守墓之俗，世代相传。故有些村落乃由墓庐茔庄发祥而来。据传，歙县昌溪、潭渡、篁墩，婺源理坑等都是从结庐守墓开始，逐渐发脉，从而使“阴地”成为“阳宅”之吉地，逐渐发展成村落[4]。这跟中国古代陵城的形成和发展相似。但古时徽州“葬必择地”，茔庄也是经过风水大师精心勘察而得。

（3）植定基树。在选址前先植上樟、柏、梓、桂等寓意吉祥的树苗，然后通过树苗长势优劣观察该地水土吉凶、作为终定村基的依据[4]。如今有些村落中仍有高大的定基树存在，如歙县漳潭、瞻淇村中的千年古樟。徽州区唐模祖先汪氏，运用堪舆之术相中唐模，植银杏数株，结果一株茁壮成长，于是举族定居唐模，这株祖树依然枝繁叶茂。

（4）神兽、神物指点。歙县南源口乡“就田”（原名狗田），其村址为村人常见两只狗在田边蜷伏，便认为有神犬（哮天犬）守伏，为吉地，就迁址到此定居[4]。

3.1.2 聚落选址理想风水模式

“无论城镇、村落、宅第、祠堂，都通过‘扑宅’‘相地’来对地形、地貌、植被、水文、小气候、环境容量等方面进行勘查，究其利弊而后做出抉择。”[15]中国风水历史悠久，贯穿中华上下5000年，宋代朱熹的弟子蔡元定在注释郭璞的《葬经》时说：“气乘风则散，界水则止，古人聚之使不散，行之使有止步，故谓之风水，风水之法，得水为上，藏风次之。”[16]

龙、砂、水、穴是构成风水的四大要素，为选择理想的聚落模式（图3-3），风水大师须“觅龙、察砂、观水、点穴”。其中龙指主干山群；砂是指护卫主干山群或来水四周较小的山峦坡地形态；水是指水系、水系走向、水口；穴指聚落或建宅的地方。聚落理想环境模式为：聚落背靠主干山群主山、少祖山、祖山，左右为护卫的砂山，聚落的前面需有环绕的水系，或具有吉祥色彩的水塘，水的对面需要有对景案山，更远处是朝山。总的围绕聚落形成以主山、砂山、案山第一道封闭圈，以少祖山、祖山、护山以及朝山构成第二道封闭圈[17]。聚落背靠祖山，案山前有水系从前流过，有生财之意；高度最低能获得良好的视野同时不影响通风，这种理想的聚落模式具有内向封闭的防御形态，聚落（穴）落于内外围合的生气聚集之地，基地平坦、开阔，形成“枕山、面水、环屏”。

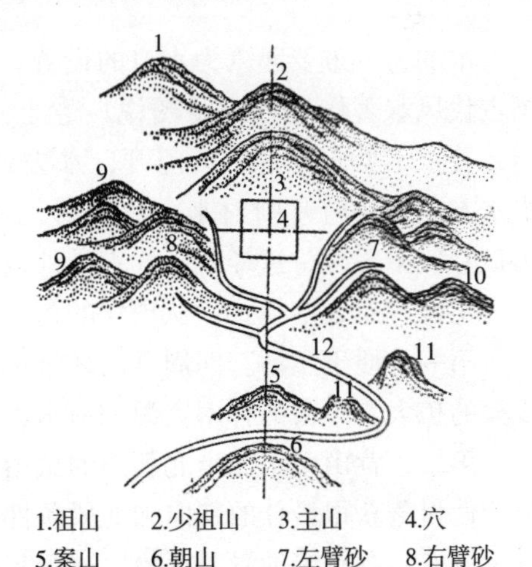

图3-3 理想的聚落模式

图片来源：段进，揭明浩. 空间研究4——世界文化遗产宏村古村落空间解析［J］. 南京：东南大学出版社，2009：39.

在“觅龙、察砂”过程中，更讲究形胜，讲究山川河流的走向、山峰（龙脉）的形态，比如：将山川比作某种吉祥的动物，如虎、狮、象等，并与家族的兴旺和世人福祸相联系。譬如宏村的龟山、江村的狮山和象山。

吉地不可无水，水在风水中占据重要的位置，是财富的象征。《地理正宗》认为观水有四喜：“一喜环弯，二喜归聚，三喜明净，四喜平和。”一般的村落都会选择两条河流的交汇处，水流环抱。要求源远流长、流速缓慢，水性清净、平和。除此，对水形而言，孤水须环抱明堂为佳，众水则以归聚汇流到堂前为好。不同门派的风水对水的形态有很多分类，比较普遍的有金、木、水、火、土五城之说，金城、水城之形最美；而木城、土城有吉有凶，木城忌水直冲基地，土城忌水浅、峻急，而火城一般较差[18]（图 3-4）。

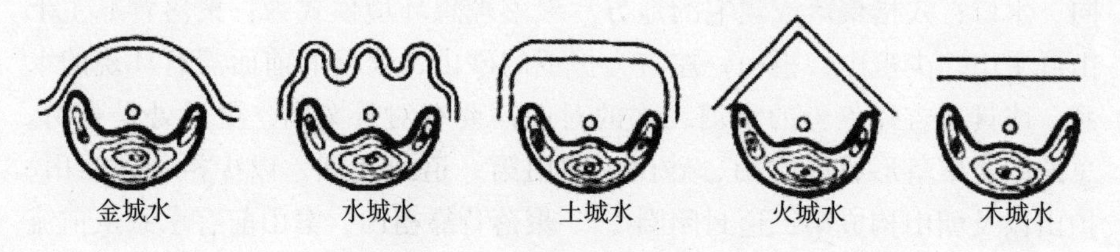

图 3-4　风水对水的形态分类

图片来源：杨柳．从得水到治水——浅析风水水法在古代城市营造中的运用［J］．城市规划，2002，26（1）：79-84.

水的另一重要元素为水口的设置。水口是指水流入和流出的地方。中国古代风水著作《入山眼图说》卷七“水口”提到：“凡水来处谓之天门，若来不见源流谓之天门开，水去处谓之地户，不见水去谓之地户闭，夫水本主财，门开则财来，户闭财用不竭。”所以，入口处来水应宽大，出口宜狭窄关闭，这样就能气不易外泄，用财不竭。

这种理想聚落模式，从现代的角度看仍有科学之处。

第一，便于生活。四周群山环绕的聚落地形平坦，适合聚落的发展和规模的扩大，丰富的林木资源和河水为聚落发展提供了资源。

第二，背山面水、坐北朝南的聚落环境具有良好的生态功能。坐北朝南能使村落获得最佳的朝向和通风条件，背山又能抵挡冬天凛冽的寒风。

第三，有较好的景观环境。连绵起伏的群山、丰富的林木资源、婉转多变的水系为聚落提供了优质的景观基底。

3.1.3 徽州传统村落选址布局特色

徽州崇尚风水，有文献记载明崇祯时，歙县知县傅岩在其《歙纪》中曾记载了徽州人争竞风水、酿成大狱之事，所谓“风水之说，徽人尤重之，其平时构争结讼，强半为此”[8]。

“风水之说，徽人尤重之”，究其原因为：第一，徽州崇尚风水之俗久远，可追溯到东晋时期，中原世族迁至于此，带来了先进的技术和中原文化，包括风水文化。徽州大族程姓始祖程元谭晋时迁居歙县黄墩，精心选择“为水所汇，近及千年磉石宛然，滨水而列”的风水宝地。第二，程朱理学的倡导。程颐提出了与风水理论如出一辙的观点：“之美者，则其神灵安，其子孙盛。若培壅其根而枝叶茂，理固然矣。地之恶者则反是。”[8]他在《葬说》中提出的“葬法五患”，更为风水术所推崇。朱熹提出使坟地“安固久远”，如择之不精，“地之不吉”，则“子孙亦有死亡灭绝之忧”。第三，徽州书籍刊刻业的繁荣和传播，休宁万安罗盘推动了徽州风水发展。第四，徽州商人不惜巨金寻求“风水”佳地，起到了推波助澜的作用。

徽州传统村落选址布局特色主要如下。

(1) 寻求理想的村落环境模式

聚落理想模式，对自然环境要求高，难以寻觅。但徽州山川秀丽，自然环境优越，存在较多的选择。许多村落都是按照此种风水理想模式进行选择，“枕山、面水、环屏”是徽州传统村落选址基本格局。比如：宏村、西递、旌德江村、绩溪的上庄、歙县的瞻淇、徽州区的呈坎都符合村落理想的选址模式。绩溪上庄村，背靠大会山脉之竹尖峰，左有上石山、右有上金山，村前大源河潺潺而出，“其山青以旷，其水环以幽”[14]；歙县的瞻淇北靠李玉玲为其祖山，左为龙山、和尚坦，右为毛坞峰、春坞峰形成左右护卫（护山），护山与村落之间小山脉形成砂山，即左辅、右弼，村前有弯曲的水流，水流的对面有一座对景山，也称案山，为典型的聚落理想模式。

(2) 非理想村落环境的完善

对于非理想的村落环境，徽州古人在充分尊重自然的基础上，根据理想模式，对自然环境进行积极的改造，使之趋于理想的人居环境。表现为引水补基和挑土增高山脉、植树造林来培补龙脉砂山。

绩溪的宅坦村是个缺水的村落，没有自然溪流，缺少理想村落“水”这一重要因素，为了达到理想的聚落环境和考虑村落未来发展，进行了人工的挖塘蓄水，在村内、村外挖了170多个水塘，弥补“水”的缺失；并通过明沟、暗圳相联系，形成完整的人工水系，解决村内生产、生活用水。另宅坦地处岗坡，无两山夹峙，即左右护砂，为了完善理想人居环境，就在山冈广植林木，形成绿色屏障。培补龙脉砂山的例子还有歙县棠樾村的水口，地势平坦，气易外泄，为了把住关口，在水口旁砌了七个高大的土墩，墩上种大树以蓄风水，称为七星墩。

徽州古人在充分尊重自然的基础上，对非理想村落环境进行改造时，将对自然的破坏降至最低限度，并对环境进行严格地保护，严禁砍伐风水林树木。才有今达几百年树龄的古树，不仅美化环境，还具有保护村落水口水源的作用。

3.1.4 徽州传统村落选址体现的人居环境观

徽州传统村落选址尊重自然、师法自然、注重周边的地形环境，择地而居，将天地万物作为一个整体，体现了天人合一的整体观念。村落的整体形态与周边的地形、地貌、山水等自然环境有机地融为一体，并赋予特定的象征意义。譬如西递呈舟船的形状，鳞次栉比的古民居如大船的一间间船舱，村头高大的乔木和牌坊宛如桅杆和风帆，周边连绵起伏的山峦如大海的波涛，上百亩肥沃的湖田则象征巨轮停泊的港湾。西递的祖先用扬帆待航的巨轮希望子孙后代能在商海中通过聪明和智慧乘风破浪、搏击中流。

在尊重自然、师法自然、追求和谐时，讲究趋吉避凶。在进行村落选址、规划布局、建筑朝向等方面，充分利用有利条件，将不利因素降到最低。

体现唯变所适的辩证思想。在风水观的指导下，进行村落选址时，徽州古人并不循规蹈矩，而是会根据不同的地形条件和自然环境，因地制宜，造就了不同的村落景观。

3.2 徽州传统村落建筑布局

3.2.1 徽州建筑外部布局

徽州建筑多处于青山绿水的环抱之中，其布局和建造深受风水意识的影响。建筑选址主要是以“阴阳”“四象”“五行”“八卦”为核心，即以天、地、人和谐为依据寻找有利地形。风水师不仅要“觅龙、察砂、观水、点穴”，也要进行称土、尝土、尝水等考察实验，从而避免不利因素对人体健康产生危害。

(1) 徽州建筑布局和自然环境的关系

徽州古人在建筑布局和建造时，善于利用地形，因地制宜，不占用农业耕种的最佳用地，依山傍水，依山造屋，傍山结村，顺其自然；同时又充分利用屋外的空间，建菜园、花园，栽树木、盆景等，使所居四周处处皆景，人工与自然有机结合，建筑与环境和谐共处，你中有我，我中有你，追求“天人合一”的意境。

(2) 徽州建筑和街巷的关系

徽州传统村落中蜿蜒曲折的街巷和错落有致的建筑构成了别样的街巷空间，具有较强的空间感和识别性，交叉口类型丰富。在风水中，建筑和道路的禁忌颇多，在风水中建筑物周围出现十字交叉口被认定为“凶”[19]（图3-5）。在这种风水意识指导下，交叉口常避免这种形式，因而十字交叉口在村落规划中所占比例很低，在无法避免的情况下，常采用十字错位

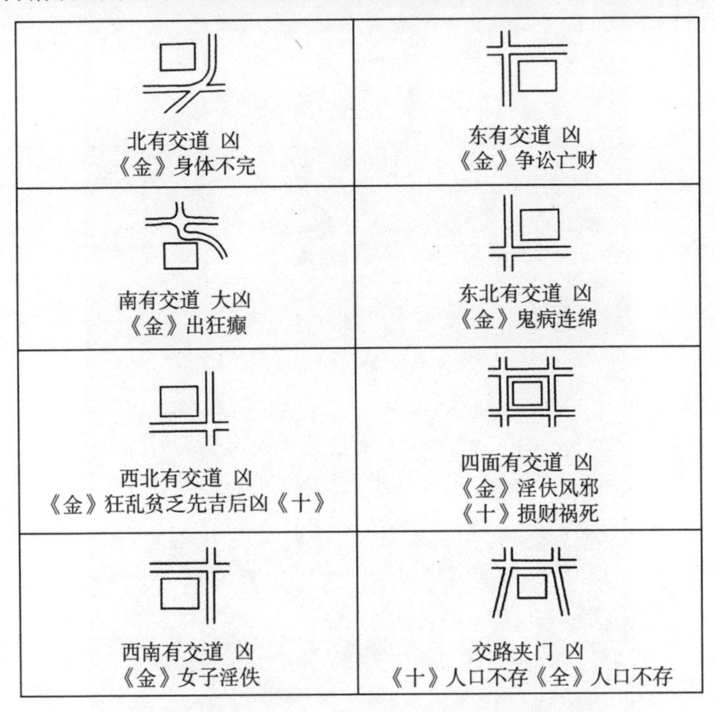

图3-5 风水中关于建筑和道路交叉口的禁忌

图片来源：汉宝德. 风水与环境. 天津：天津古籍出版社，2003：230.

交叉的形式，更多地采用T字交叉。比如T字交叉在宏村交叉口中数量最多，高达62.0%；而十字交叉数量少，仅占到2.0%。

除此，遇到一些不利因素时徽州古人会采取一些对策，比如各种镇厌、禁咒、辟邪。在徽州村落的街巷转弯处、街巷道口直冲处、水流正对处，常能见到刻有“石敢当”或“山海镇”字样的石碑。比如：黟县的南屏在街巷的转弯处、直冲处仍留存石敢当（图3－6），石敢当不仅具有避邪的风水意义，且有防护的作用，因为徽州街巷狭小，路口容易发生碰撞，就具有保护建筑墙体的实用功能。同时，丰富了建筑立面，增强了街巷的可识别性。

图3－6　南屏街巷仍留存石敢当

(3) 徽州建筑布局朝向和门的布置

在我国传统的建筑中，房屋一般坐北朝南，能获得良好的采光和通风，徽州民居大门的朝向十分注重风水，一般以朝南朝东为佳。但倘若为商家，古民居很多却刻意回避屋室向南。王允在《论衡》写道："商家门不宜南向。"因为"商"在五行中属金，南方属火，火克金。如遇地段或者街巷布置之限制，为了弥补缺陷和达到理想的风水格局，也往往常在主体门外加建天井或者院落，进行朝向的转折，以此获得好的风水朝向[6]。如遇用地局促，建筑大门会凹退或者斜转，产生各类辟邪的斜门(图3-7)。除此，门不能对墙角、烟囱、坟墓等，否则是"犯冲"。除了采用朝向转折外，门前也可采用照壁避凶。

图3-7　西递某古民居的"邪门"

通过调研发现，徽州传统村落中各住宅入口都不相对（图3－8），主要原因与风水观念有关，在风水中两门相对有术语称为“相骂门”，为凶的预兆，“主家不合”[9]。即使20世纪80年代之后，新建的住宅相对开门的实例也极少。

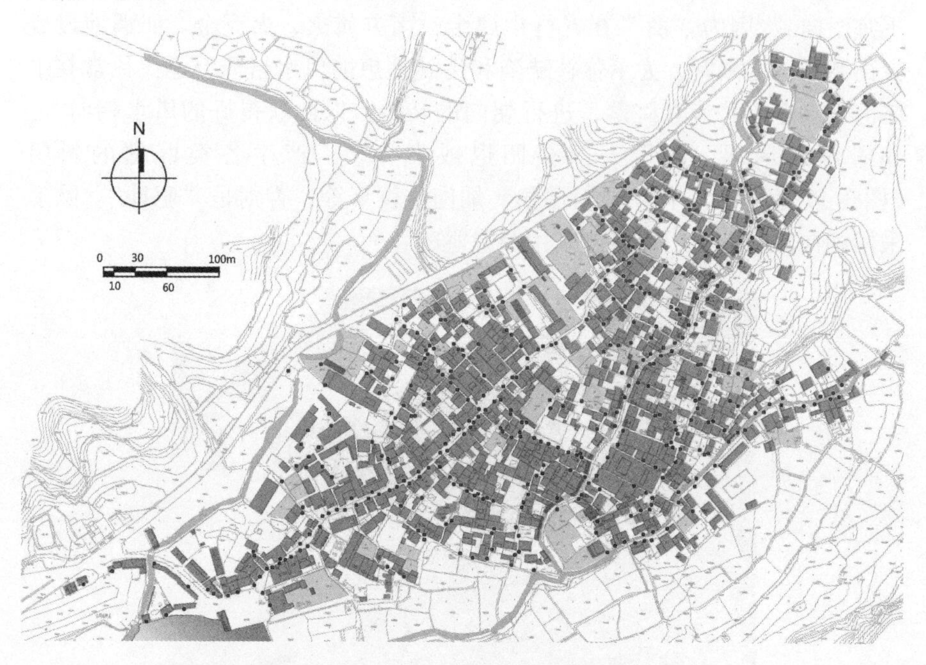

图3－8　西递住宅入口位置图

3.2.2　徽州建筑细部

（1）风水理念下的天井

徽州地处环境优美、封闭的山水环境中，受程朱理学的教化，徽州人大多内敛、不喜张扬、注重社会等级关系，崇尚风水。集实用性和艺术美于一体的徽州建筑除了讲究实用、结构合理、细部精致美观，其中天井就是典型的内部风水的指归，在徽州风水中“水”就是“财”的象征，而经商之人以积聚为本，最怕财源外流，因而将雨水通过天井收集，意为“肥水不流外人田”，并布置盆景、鱼缸、片石、假山、太平池（缸），为居室增加生机与美感。这种建筑形式叫作“四水归堂”。

（2）徽州建筑装饰格调显示的文化气息蕴含着风水思想

徽州建筑的“三雕”和室内外装饰显示了徽商“儒”的特点，蕴含着丰富的人文气息、地方文化特色和风水思想。

每栋徽州建筑都有精美的雕刻，门楼、墙、柱础、台基、梁、枋、木雕槅扇上一幅幅精美的雕刻图案，除了显示徽州匠人精湛的技艺，具有一定的镇妖辟邪和祈福之意。如扫帚、折扇、令牌、长剑等代表着一定的威势与震慑作用；鹿象征着“禄”，扇寓意“善”，蝙蝠象征“富、福”，鱼象征着年年有余，狮代表主权或用于避邪，鹤代表长寿，竹象征君子等。

作为家庭生活重要空间的厅堂室内都有相同的摆设，厅堂中照壁上均垂挂着大型象征着吉祥如意的福、禄、寿三星画轴或山水、花鸟画。条案左、右分别布置花瓶、镜子，称为“东瓶西镜”，取谐音“平静”，体现了徽州人对平静、安稳生活的向往。

第4章 徽州传统村落规划中的生态观念

近些年随着我国城镇化的快速发展，其大规模建造活动耗费了过量自然资源，生态环境问题日益凸显。乡村面临日益严峻的生态环境和特色缺失问题。作为我国保存较为完整的建筑与文化遗产之一的徽州传统村落，简单、生态、科学的规划设计措施，所创造的舒适的生活空间和宜人的生态环境，与当下提倡的绿色、环保、节能的设计理念相一致。因此，徽州传统村落规划中体现的生态观念对现代乡村规划和建设有很大的启示和借鉴作用。

4.1 以水为脉——徽州传统村落的生态营造

徽州传统村落除了举世瞩目的徽州建筑，蜿蜒、多变、静谧的街巷，水系规划同样堪称一绝。在“八山一水一分田”地理环境中，徽州古人充分利用水，营建了完善的人工水系，做到暴雨袭击时无内涝，干旱时不缺水，更有“家家门前有清泉”的场景，创造了山、水、建筑为一体的和谐生态环境。宏村具有600多年历史的“牛形”水系至今仍在使用；绩溪宅坦的人工塘创造的“无溪出活龙”，成为山区缺水村落建设的典范。

4.1.1 水系与村落布局的关系

徽州传统村落中，水通过点、线、面三个层次渗透于各个角落。三者相互联系，影响村落形态、街巷走向和建筑布局。

（1）点状水

① 水井

位于街巷转角处或街头巷尾星星点点的古井，在村落中构成了点状空间。其分布广泛、数量众多，如西递在鼎盛时期有水井近百口，南屏现仍存36眼水井。自来水出现前，井水是徽州传统村落的主要饮用水源，村民在此取水、洗衣、聊天等，是村民最喜欢的公共场所之一，形成徽州传统村落特有的、富有生活情调的画面，具有极强的生活性、社会性。

图4-1　南屏三元井

② 徽州建筑内水的利用

地少人多的徽州极尽对水的利用，从室外延伸至室内。视水为财富的徽州人，结合当地的气候条件，创造了极具特色的“肥水不流外人田”的四水归堂的天井式住宅，在天井内设置水缸、水池等进行雨水收集，进一步完善了村落水系。除此，在受山地限制并不大的庭院中，徽州古人将流过自家门前水圳中的水引入，形成了别具一格的活水庭院。比如宏村承志堂的鱼塘厅，利用原有的三角地块，因地制宜，将泉水从水圳引入，作水榭曲廊，别有洞天（图4-2）。

（2）线状水

① 水圳

蜿蜒流转、潺潺流水、穿梭于村落中的水圳是引水、用水的成功典范，比如：宏村、呈坎、江村、西递等村落现仍有不少水圳可使用。水圳具有饮用、洗涤、灌溉、消防和生态等功能外，作为线性空间将村落中的水塘、湖泊、水口等水系空间串联形成整体，其形态多蜿蜒曲折，民居顺着曲折的水圳和街巷沿两边分布，水圳的走向影响了街巷空间肌理和村落形态走势。

② 水街

水街指河流穿过村落，沿溪水一侧或两侧设置街道和建筑，形成水街，比如：屏山、李坑、朱旺村、龙川、唐模、卢村的水街等（图4-3、图4-4）。一般是徽州传统村落空间结构的主线，建筑沿水街蜿蜒展开，一侧建筑可开设店铺，空间层次丰富，环境优美，是村民生活的重要空间（图4-5）。

图4－2　宏村承志堂的鱼塘厅

图4－3　西递后边溪

图 4-4　龙川水街

图 4-5　屏山水街

（3）面状水

① 水口

水口的本义是指村落之水流入和流出的地方，风水说中的水口大多专指水流出处，有“水口者、一方众水总出处也”之说[20]。水口是村落的门户和作为整个村落吉凶祸福的象征，因此，徽州每个村落水口都按照风水学进行严格地规划。为了“藏气”和“锁财”，水口多选择在两山夹峙、溪流环绕之处，并与树、亭、桥、庙、书院等建筑形成独特的水口园林。如南屏村水口有枝繁叶茂、参天矗立的水口林，还有古桥、古亭，加上已毁的古庙、古书院，自然环境和人工环境相互交织。

② 水塘

水塘多为活水，一般位于村旁或村落中心。前者主要满足灌溉、防洪、蓄水之用；后者位于村落繁华地段，与公共建筑、广场相结合形成村落的中心。最为著名的传统村落水塘为宏村有“黄山脚下小西湖”美誉之称的南湖和四季泉涌不息的月沼。

4.1.2 徽州传统村落中水的功能

智者乐水。被誉为“东南邹鲁”、亦儒亦商的古徽州人除利用水的生产生活实用功能外，还赋予水美学特征和文化内涵，做到实用、景观和文化三者的有机结合。

（1）实用功能

徽州人充分利用“一分水”，最大限度地发挥其实用功能，巧用雨水，利用天然河流、山泉水、地下水等资源挖水塘、修水圳、掘井、筑水坝等解决饮水、洗涤、灌溉等生产、生活、消防之需。譬如：绩溪宅坦根据风水学选择吉地后，却远离溪流，为解决生产、生活之需，其先民扬长避短，先后挖掘了南龙井、北龙井、上井和北培井四井，解决村民饮水问题；同时筑堤拦截山水，修建村内村外170多口水塘，开明沟暗圳引水入村。穿梭于村内的水圳、水井不仅有饮用、洗涤之用，还具有消防和调节气候的作用。村内外水塘、明沟、暗渠相连通，生活污水用于灌溉，生活用水和灌溉用水相连通，死水变活水，创造了“无溪出活龙”的人工水系杰作。

（2）景观功能

水带给了村民必不可少的实用价值外，还向世人传达了视觉美的享受，形成了实用和艺术的完美结合。在满足生产、生活之需时，水系的走向、形态、布局符合中国传统的审美特征。

① 动静结合之美

徽州传统村落中溪水潺潺、长流不息的水圳体现了动静结合的审美特征。水的流动性体现了水的流动之美，蕴含了生命的生生不息。水的平静是相对而言的，其美是对水洗净万物澄净本质的描绘，与流动的水圳相比，池塘、水塘体现了徽州传统村落的静态美和徽州人远离世俗对“静则生慧”精神状态的追求。在整个水系结构中，动静相互转化、穿插，动中有静，静中有动，动静结合。

建于明永乐年间的宏村水系，巧用北高南低，利用高差的变化控制水的流速，使水在沟渠中常年流动，时而快速流动、时而平缓、时而飞溅而下，展现了具有韵律感的曲水流动之美。当水流入水系的核心月沼和往南流入约 2 公顷的南湖时，其水面平如镜，与水圳中溪水潺潺形成对比，平静的水面与周围古朴典雅、错落有致的徽州建筑在碧空下相互呼应，体现出一幅水墨画般的雅静之美。月沼、南湖的平静之美和水圳的动态之美形成对比，在两个空间中，步移景异，时而宁静、甜美，时而跳跃、欢快，动静结合，遥相呼应。

② 曲线之美

明末造园家计成在其专著《园冶》中曰：“……随形而弯，依势而曲，或蟠山腰，或穷水际，通花渡壑，蜒蜿无尽……”曲线是中国古典园林审美原则。曲线与直线相比，多了分变化，少了分呆板，更加轻快、柔美和符合国人内敛的性格，因此，自古以来，国人对曲线的美感情有独钟。徽州传统村落水系的形态与中国古典园林审美相吻合，最有特色的为村落中的水圳，大多蜿蜒曲折，如被誉为“牛肠”的宏村水圳，穿梭于村巷，若隐若现，九曲十八弯，其曲的形态不仅有益于水圳在村落中均匀分布，方便村民汲水、防火等，而且增添了曲径通幽、静谧安详的审美内涵。街巷依水圳而建，建筑外墙凹凸进出，或宽或窄，依势而曲，空间收放自如，在展现曲线柔美之外，还体现了空间的动态感和层次性。

（3）文化功能

探究传统村落中的水，除了实用和景观价值外，也反映了村民对水利用价值从物质上的依赖转变成精神上的崇拜，蕴含了一定的文化内涵。从村落选址中对水的要求、水圳宜曲不宜直、关乎家族兴旺水口的设计、“肥水不流外人田”的四水归堂对雨水的利用都受传统风水理念的影响，体现了对自然的充分尊重，蕴含了天人合一和朴素的生态观。

4.1.3 水系规划——以宏村水系为例

宏村“牛形”水系距今已有 600 多年的历史，今天仍是家家门前有清泉。古人视水为财富，今人有亲水、喜水之好，水景被广泛运用于住区规划中，但藻类疯涨、水质恶化、缺水等水环境问题在现代住区中比比皆是(图4-6、图4-7)，影响居民的生活，降低住区的品质。因此，徽州传统村落“理水”理念、生态水系规划值得今天借鉴。

图4-6 现代住区水环境问题

图4-7 现代住区水环境问题

（1）宏村水系建设历史

南宋绍兴元年（1131）宏村汪氏66世祖彦济公自黟县奇墅迁至雷岗山，造楼4幢，成为宏村最早的发源地。此时西溪河并非今日的走向。到了南宋德佑丙子年（1276）五月，一场特大的山洪暴发，迫使西溪改道成今日之走向[14][2]。

开凿水系的想法源自宏村始迁祖彦济公的九世孙玄卿公，根据《重竣南湖收支征信录》中《月沼纪实》的记载，玄卿公曾邀请堪舆先生相地，“偶指村之正中有天然一窟，冬夏泉涌不竭，曰：此宅基洗心也，宜扩之以潴内阳水，而镇朝山丙丁之火”，玄卿公相信了引水抑火的想法并传之后代[21]。徽州堪舆之风盛行，到了明初永乐元年（1403），玄卿公的孙子思齐公三次邀请当时休宁海阳籍风水国师何可达先生踏勘地形，绘制村落的山川地势图，制定扩大村落基址及进行全面规划的蓝图[22]。

当时在总体规划指导下开始进行水系建设：利用原有西溪河道开凿水圳，利用天然泉眼开挖成半月形月沼，形成“内阳水”。但据《黟北宏村编年史卷》记载指出，明成化六年（1407）六月，下了昼夜的大雨后，山洪暴发，雨水奔腾直泻，水圳的泥沙淤积，切断了河流，加上雷岗山的砂石，月沼也被堵住，致使水流淹没了农田，房屋毁坏[21]。汪氏家族决定重新进行水系规划，疏通月沼，开凿水塘蓄水修建南湖，镇之火，灌之田。直到1610年，南湖及下水圳合并，整个水系竣工，再没发生过山洪、堵塞的情况，一直沿用至今。

（2）宏村水系规划

宏村“牛形”水系全长1268米，引西溪河水为水源，碣坝、水圳、月沼、南湖组成完整的水系（图4－8）。通过点、线、面三个层次分布于整个村落，点指水井和天井蓄水，线指“牛形”水系的线性水圳，面指“牛形”水系中的月沼、南湖。整个水系取水于大自然，最后南湖的水一部分用于南面的农田灌溉，一部分又汇入西溪河水，回归大自然。宏村水系一气呵成，整体性强，与当今住区水系设计的“水坑式”景点形成鲜明对比，其整体性在很大程度上保证了水系的流动性和洁净度。

在西溪河的上游修筑碣坝蓄水（图4－9），通过暗渠引水入村，并设置闸口，控制流入宏村的水量，不仅可避免洪水对宏村的侵害，而且能保证宏村水系常年有潺潺的流水。

通过水圳引水入村，喻为“牛肠”的水圳有上水圳、下水圳和小水圳组成，上水圳、下水圳也称大水圳（图4－10）。整个水圳特点如下：第一，布局适中，服务半径合理，考虑了居民的就近使用。水圳在原有河道

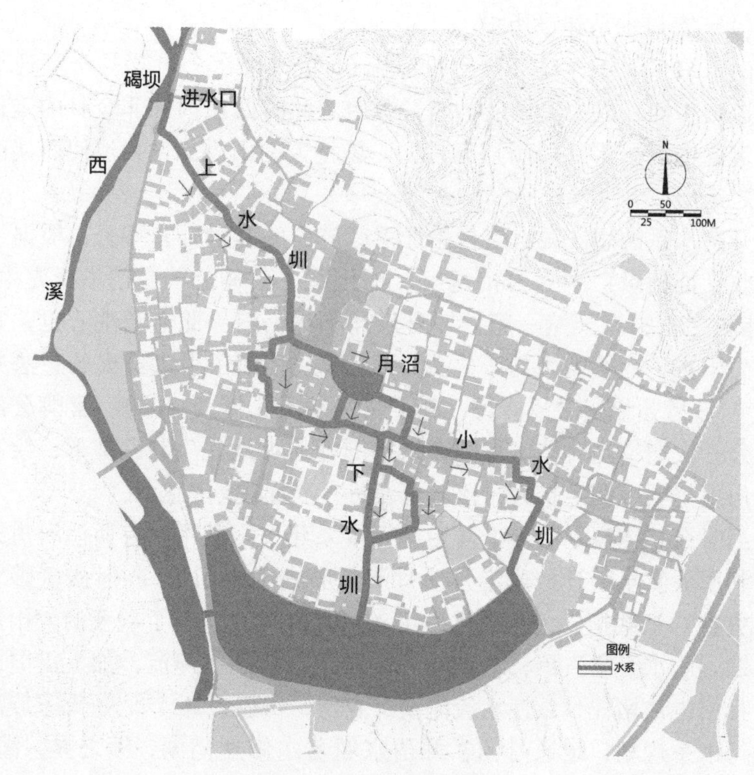

图4-8　宏村水系图

图片来源：参照资料和调研绘制

图4-9　宏村碣坝

图 4-10　宏村水圳

的基础上（图 7-36），不仅进行了加长、加弯处理，并重新开凿下水圳。据黄山市测绘院对宏村古水系勘察测算，全村离水源最远的住户，直线距离也不过 100 米。大部分住户离水源的直线距离在 60 米以内。可见，当年设计的水系网络已充分考虑村民就近用水问题，另据 2001 年 6 月 30 统计如表 4-1，可知在出现现代自来水条件下，水圳仍是宏村村民日常用水的首选[23]。第二，宽度适中（表 4-2）。大水圳宽约 60 厘米，小水圳宽约 40 厘米，既满足居民的洗涤，又有利于水体的流动和水体的自净。第三，形态优美。整个水圳体现中国人尚曲的审美特征，曲线比直线更柔和，更符合徽州人内敛的性格。蜿蜒、多变的水圳穿村而过，柔美中不失动态，呈现多变之美。

表 4-1　宏村常住居民用水地点分布

水源	水圳		月沼		南湖		河井		合计
	数量	占%	数量	占%	数量	占%	数量	占%	
户数	218	57.6	33	8.64	67	17.54	64	16.75	382

数据来源：汪森强．水脉宏村［M］．南京：江苏美术出版社，2004.

表 4-2　水圳的宽度

名称	上水圳	下水圳	小水圳
宽度	60cm 左右	60cm 左右	40cm 左右
水深	50cm～90cm	50cm～90cm	40cm～70cm

经过上水圳的水流入月沼（图4－11）。月沼为“牛形”村落的牛胃，月沼与周边的祠堂、民居相得益彰，代替了空旷、嘈杂的广场空间，形成和谐统一、界面丰富的空间环境，成为宏村的公共中心。宏村人利用原有天然泉眼挖成池塘形成月沼，主要水源来源于水圳。出于风水考虑，月沼设成半圆形，因为古人认为在宅前设方形的池塘，有“血盆照镜”之说，而不设成圆形的原因是古人相信“月盈则亏，花开则落”（图4－12），因此，在徽州传统村落中几乎见不到宅前设方形或圆形的池塘。月沼另一个巧妙设计为“活水”设计。整个月沼周长139.81米，面积1207.24平方米。通过合理设计月沼的出水口和进水口，保证月沼水体的流动和洁净。在月沼西北角设置了一个进水口，在东边和南边各设置了一个出水口，当西北角进水口的水冲向两个出水口，就形成了两条主水流动线，由于南岸为弧形，根据力学原理，当进水“冲”到南岸，有一部分水被折回，成为对角线交叉的对流方式，从而使得东北角的水“活”起来，不至于形成死角。这促使整个月沼活跃起来，保证了月沼水体的清洁、更新。

图4－11　月沼

通过月沼的水经过小水圳和下水圳汇入南湖（图4－13）。随着村落的不断壮大，人口迅速增长，水圳和月沼的水无法满足村民的生产生活之需，木构架为主的徽州建筑逐日增多，消防压力日益剧增，故利用地势低洼处修建南湖，在解决生产、生活、消防之需的同时，还解决了村落南面农田的灌溉难题。南湖面积为 20402. 84 平方米，在南湖的进水口设置了过滤池拦截上游的浮游垃圾（图 4 - 14），经过初次净化后，再通过种植莲藕

图 4 - 12　绩溪坎头村半月池

图 4 - 13　南湖

和饲养水中动物实现二次净化（图4－15），上游富含米渣等生活用水成为鱼的饲料和莲藕的肥料；而鱼类的粪便和腐叶等则随着二次净化后流入地势更低的南面农田，灌溉和滋养农作物，另一部分则流入西溪河。

图4－14　南湖进水口过滤池

图4－15　南湖种植莲藕

宏村水系统实现了“居民使用—养殖—灌溉”的多重功效。水圳内的水汇入南湖，用于养鱼、养藕；又由南湖引出水流，灌溉农田，解决了农业灌溉的需求。实现了以人养鱼，以鱼养田，以田养人的生态循环系统。

宏村的水系能保持“家家门前有清泉”的场景，除了水系的整体性设计和采取物理、生物技术措施外，关键还在于根据地形高差的变化，合理设置水系的坡度，保证水体的流动和流速。根据黄山市测绘局提供的测绘图，宏村地势北高南低，进水口的海拔高度为297.3米，经过水圳，到达南湖的海拔高度为293.4米，总落差为3.9米，达到5‰，水流速度控制在20米/分钟，从进口流到南湖大概只需要35分钟[24]。

除此，宏村水系作为全村的命脉，为了保护水系，宏村古人依靠宗族权威制定出一套完整的水系维护、管理制度，各种成文或不成文的族规乡约保证水系的运转和水体的洁净。譬如：《黟县宏村编年史卷》就记载了清同治七年（1868）清淤工程村中各族分工合作的情况：“四房族人汪隆恩、汪隆吉发起水圳疏淤泥，二房族人汪兴旦、汪隆其发起月沼清淤，下四房族人汪应其、五房汪碧砥、汪碧砧发起南湖清淤，工程颇大，分房施工，冬至前完工。”为了防止污染水源，对居民的取水、用水和排污地点和时间都有相应的限制和规定，饮用水的取水地点、洗衣、清洗农具和马桶的地点均设在不同处，同时规定7点钟以前汲取饮用水，8点以后才开始洗涤衣物和农具之类。

总之，宏村水系根据地形的变化，因地制宜，保证水体的流速，快速完成水体的自净和更新，全程设计中，在充分尊重自然的基础上，贯彻整体性设计思想，采取简便、科学的生态性设计措施，依靠宗族权威制定出一套完整的水系维护制度，实现了人与自然的和谐发展。

4.2　自有一方天地——徽州天井的生态营造

生动繁杂的斗拱是打开中国古代建筑的钥匙。著名建筑学家林徽因说，最生动、最令人惊叹的要数徽派民居的天井[25]。

研究徽州建筑的起源可知，中原移民迁至徽州后，由于徽州可利用土地少，北方的院落逐渐演变成天井。天井和院落都是顶部开敞的空间，有共同之处，两者的区分和界定如下：一者面积、尺度不同，天井的面积一般在20平方米以下，院落的面积则更大，空间开阔；二者从结构上区分，天井一般位于厅、堂前后，与厅堂为一体，是建筑内部的一部分，而院落是实体界面与非实体界面围合，更强调室外空间，给人一种置身于建筑之外的感觉。第二点是区分院落和天井的根本（图4－16、图4－17）。

图4－16　徽州天井

图4－17　北方的院落

4.2.1　天井的功能

（1）采光

受地理环境、气候、社会等因素的影响，徽州民居外墙只开少数小窗，窗户不具有采光通风的作用。而天井的首要功能便是采光，光线通过天井进行二次折射，光线柔和，改善居室内的采光条件。厅堂与天井相连，从而获得最佳的采光。

天井的高宽比影响了天井空间的采光遮阳效果，同时受朝向和太阳高度角的影响。徽州地区房子坐北朝南，主要以南北向为主，根据正午太阳高度角的计算公式：

正午太阳高度角=90°-（当地纬度-太阳直射点纬度）

其中北纬为正，南纬为负，以旌德江村笃修堂、旌德朱旺村官厅为例，当地纬度为北纬30.28°。

夏至日，一年中徽州地区太阳高度角达到最大值，位于北回归线上，为北纬23.5°，所以夏至日太阳高度角=90°-（30.28°-23.5°）=83.22°；冬至日，太阳位于南回归线上，徽州地区一年中太阳高度角达到最小值，即南纬23.5°，所以冬至日太阳高度角=90°-（30.28°+23.5°）=36.22°。

由图4－18至图4－20可知：徽州地区天井空间的尺度是适应徽州地区所处地理纬度的太阳高度角的变化，在夏至日正午时分，太阳高度角达到最大值，太阳光线经过屋檐，只落在天井范围内。从江村笃修堂、朱旺村官厅和垂裕堂天井遮阳分析可知，太阳光线基本只晒到堂屋门口和房间前的檐柱脚为止；而通过朱旺村官厅的日照分析，在冬至日正午时分，一年中太阳高度角达到最小值，太阳光线则能通过天井空间照入堂屋，可

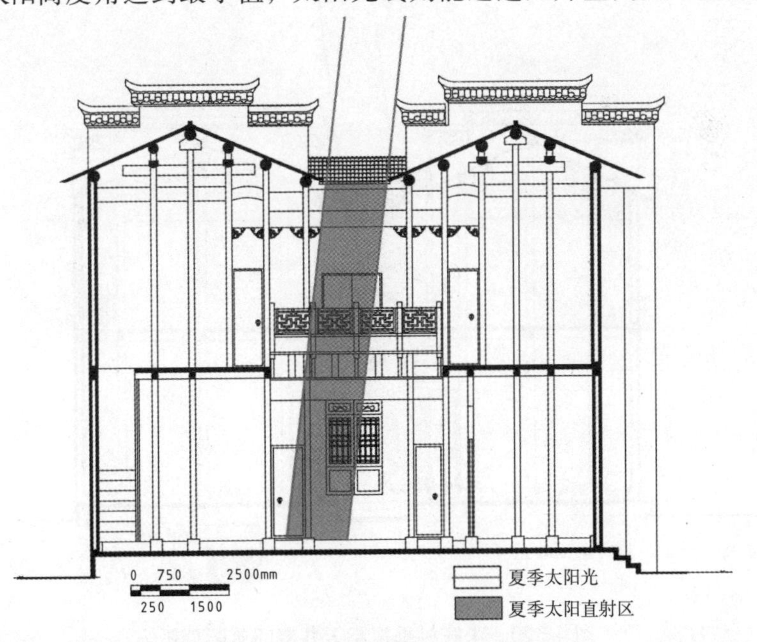

图4－18　江村笃修堂天井空间遮阳分析

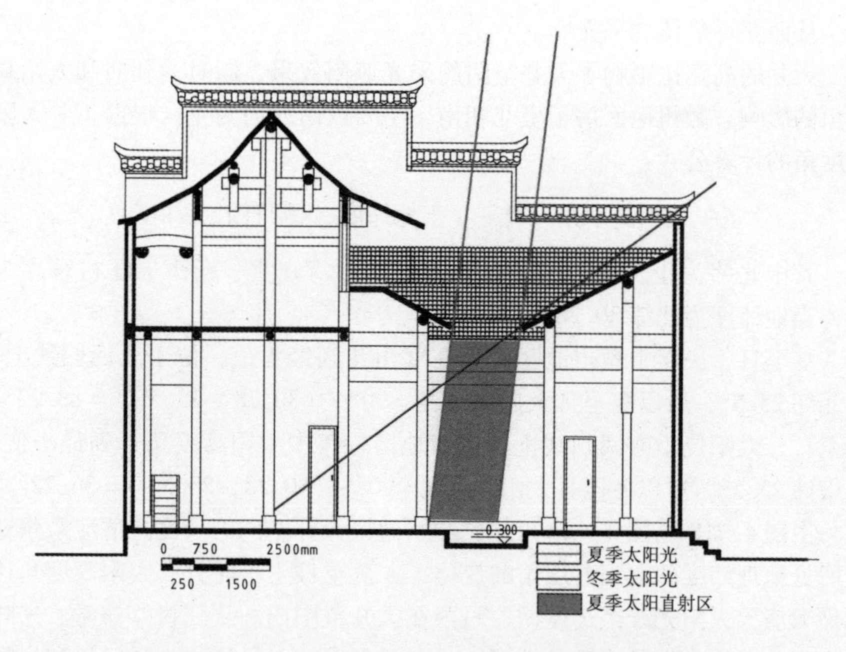

图 4－19　朱旺村官厅天井空间遮阳和日照分析

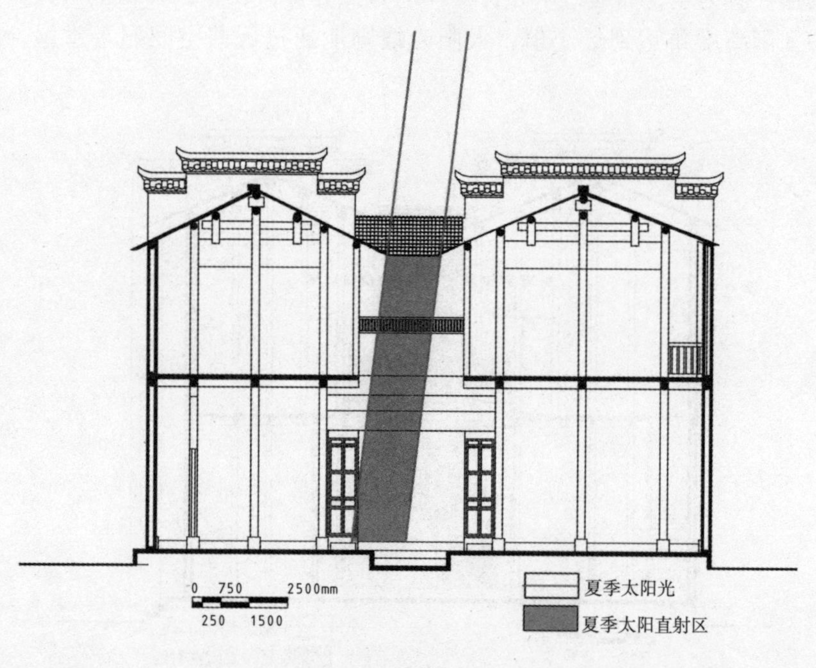

图 4－20　朱旺村垂裕堂天井空间遮阳分析

见，冬天阳光能通过天井直射厅堂。由以上分析可知，夏季天井能阻挡太阳直射，而冬季又不影响太阳光照入堂屋，人们一年四季在厅堂内或房间里都能得到舒适的光照环境。

（2）通风

夏天，徽州古民居在厅堂内总能感到凉风习习，温度会比其他类型建筑的室内温度低，除了天井有较好的遮阳效果，另一个原因在于天井良好的通风作用。徽州古民居主要靠自然通风来降低室温、排除湿气，达到提高居室的舒适度。经实测表明：遇高温天气，天井内比室外同受阳光直射的地方温度要低10℃左右[26]。

通风是通过热压或风压所造成的空气流动。通过居室内部的空间尺度的变化形成空气密度的变化，从而产生压力差，厅堂是室内的开敞空间，天井是较之狭窄的外部空间，从狭窄的厢房，经过开阔的厅堂到狭长的天井，再到更广阔的室外空间，通过空间的变化，加快空气的流动，产生风，俗称“拔风”。同时，天井上部受太阳辐射加热，空气升温上浮，天井底部温度低，带动底部空气流通，加快散热，形成冷热空气的流动，产生通风效果。

（3）排泄雨水

徽州古人视水为财富，信奉“肥水不流外人田”，因而对雨水进行收集。这种“四水归堂”的建筑，雨水通过四周屋顶的内坡流入天井，天井地坪低于厅堂的地面，铺装材料和形式（图4－21）也有别于厅堂，主要用石块或青石条进行铺设，下设蓄水池，并通过明沟暗圳与村内的水溪、水圳相连通（图4－22），防止居室内涝。

图4－21　徽州天井地坪

（4）消防

鳞次栉比的木构架结构体系的徽州建筑，防火任务艰巨。天井承担防火的重要角色，天井内常设太平缸蓄水（图4－23），主要目的是防火。

图4－22　徽州天井

图4－23　天井具有消防的作用

(5) 观景、休闲

徽州天井内常置各式盆景、鱼缸，通过不同的构图手法，讲究室内与室外空间环境的融合和渗透，增添了自然野趣。在天井里，居民日能观蓝天白云，夜能察星斗，还能欣赏到婀娜多姿的植物和追逐嬉戏的鱼虾。这里是居室内最富生活趣味之地（图4－24、图4－25）。

图4－24　天井景观

图4－25　天井景观

4.2.2 天井的类型

(1) 从天井屋面开口形状角度进行划分

分为长方形天井和方形天井，前者居多，方形天井数量少，比如：黟县西递村东园内有方形天井（图4-26、图4-27)。

图4-26 西递村东园方形天井

图4-27 常见的长方形天井

(2) 从天井空间四面围和进行划分

可分为围屋式和围墙式。围屋式指天井四周都是房屋，如江村笃修堂、西递的膺福堂（图4－28）。围墙式指天井四周是墙和房屋共同围合而成，可以是三面是屋，一面是墙，比如朱旺村的垂裕堂，西递的旷古斋、东园、惇仁堂等（图4－29）；也可以是三面是墙，一面是屋；还有宏村承志堂鱼塘厅的天井两面是墙，两面是屋（图4－30）。

图4－28　围屋式天井（西递膺福堂）

图4－29　围墙式天井（西递惇仁堂）

图4－30　围墙式天井（宏村承志堂鱼塘厅）

（3）从天井四面装修角度进行划分

分为四周全部装修和部分装修，一般靠墙壁部分不装修。

（4）从天井装修壁面构成角度进行划分

天井由上窗和下墙（木板）组成，木板分为雕花木板和素木板（图4－31、图4－32），悬挑的窗墙下则分为雕梁和素梁，有的还有垂花柱[25]。

图4－31　呈坎某民居天井（素木板）

图 4－32　西递大夫第天井（雕花板）

（5）从楼梯设置角度进行划分

分为有楼梯沿天井四周布置和没有楼梯沿天井四周布置，有楼梯沿天井四周布置一般为明代建筑的标志之一。

4.2.3　天井空间的意义

（1）实用意义

天井在徽州古民居中起到联系和组织空间的作用。在水平面上，组织与厅堂、厢房的衔接，根据天井的位置，将古民居平面分为“凹”形平面、“回”形平面、“H”形平面、“日”形平面四种类型；在垂直面上，加强楼层与地面之间以及外部空间的过渡与衔接。天井的设置解决了徽州古民居采光、通风差等问题和传统木结构存在的火灾安全隐患，有效解决了“四水归堂”建筑的排水问题（图 4－33），具有重要的实用意义。

（2）美学意义

天井在满足实用功能外，追求美的效果，体现了徽商的审美情趣。徽州古民居天井形状、式样之多，雕刻繁细、精致、工艺精湛，内容丰富，具有较强的美学意义。

（3）生态意义

徽州古居民尊重大自然，通过设置天井来解决采光、通风、调节小气候等问题，充分遵循大自然的发展规律，体现了原始的生态学思想，符合

图4-33　江村笃修堂天井

生态系统的发展规律，具有多重生态作用。

天井不但为徽州古民居提供了自然、柔和的采光，而且其合适的高宽比和上部硕大的屋檐，能够有效避免夏天太阳的直射，具有较好的遮阳效果，并通过室内空间尺度的变化和冷热的变化，产生“拔风”的效果；另外，天井的下面常设蓄水池、水槽和连通村内水圳的暗沟，水常年流动，即使在夏天，也在天井底保留了较低的温度，再加上地下井和阴沟的湿度较大，可以吸收天井上方的热量，起到降温的效果；同时天井底部的绿化也起到调节内部小气候的作用。

除此，为了达到冬暖夏凉的效果，徽州古人常采用简便、经济、生态的措施。比如西递青云轩“土空调”，利用地气，地下温度和地上温度的温差，设置通风孔，形成对流与回流，在夏天让人感觉到凉爽的气流（图4-34）。这种措施，体现徽州古人充分尊重自然、利用自然的思想，对现代以科技为先的设计具有启示作用。

（4）哲学意义

《八宅明镜》中说：“天井乃一宅之要，财禄攸关，不可深陷落槽，不可潮湿污秽，大厅两边有拱，二墙门常闭，以养气也。凡富贵天井，自然均齐方正。其次小康之家，亦有藏蓄之意。大门在生气，天井在旺方，自然阴阳虞节，不必一直贯进，两边必辅弼。诀曰‘不高不陷，不长不偏，堆金积玉，财禄绵绵。左畔若缺男先亡，右则崩缺女先伤’。”[27]可见，“藏风聚气”的天井是敬天敬神天人合一的产物。在徽州，天井也关系着财运、官运，所谓“肥水不流外人田”。剔除其迷信色彩，封闭的高墙围合成的徽州古民居，露出一方天井，让居者在呼吸新鲜空气和观赏蓝天、白云、浩瀚星空的同时，更把居者引向祖位正对天井，将敬天和敬祖巧妙结合在一起，天、地、人融为一体，人与大自然共存的情愫油然而生，生动诠释了天、地、人和谐与统一的丰富内涵。

图 4-34　西递青云轩“土空调”

第5章 徽州传统村落的空间布局

5.1 徽州传统村落的布局形态

5.1.1 徽州传统村落的分布特点

徽州古人充分利用“八山一水一分田”的山水环境，根据聚落的理想人居环境，形成了各具特色的山地村落和河岸村落。

（1）山地村落

多坐落于山麓、山坞、交通要道旁。山麓、山坞位于平地和山地的交接地段或位于山中较平坦的地段，地势较高，不易受洪水侵害，背山能抵挡寒风；同时地势平坦、开阔，有利于村落的发展；且大多交通便利，便于物质的集散，此类型众多。如黟县西递、宏村，绩溪的尚村，徽州区的呈坎等（图5－1、图5－2）。

图5－1 西递

图5-2　绩溪尚村

(2) 河岸村落

依托河流发展，多位于河曲凹岸、河口、渡口等处。丰富的水资源成为村落发展的有利条件。此类村落名称里一般会带“溪、渡、岸、潭、湖”等字眼，比如屯溪、昌溪、棉溪、深渡、北岸、漳潭、棉潭、定潭、月潭、阳湖等（图5-3）。

图5-3　歙县昌溪

5.1.2 徽州传统村落布局形态

徽州传统村落聚族而居，多为集聚型，散居型较少。村落依地形、山势、水系形成不同的村落形态。从平面形态上看，主要有块状村落、线状村落和混合型村落，其中有的村落形成了仿生象形。

（1）块状村落

块状或不规则的多边形是徽州传统村落形态常见的形式。块状村落多分布于地形平坦处，南北向和东西向长度基本相同，内部道路结构基本为方格网状，用地紧凑，有利于各项设施的安排。绩溪的石家村是典型的块状村落，纵横规整，棋盘式道路网格局（图5-4）。

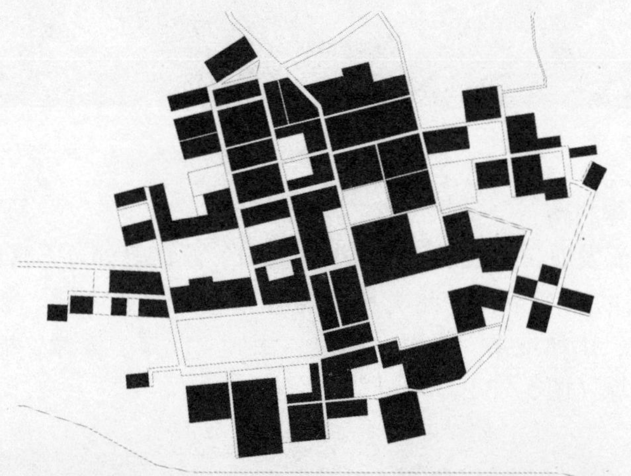

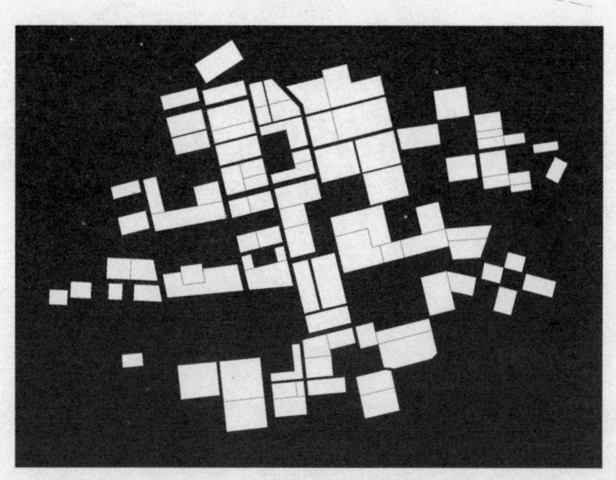

图5-4　绩溪石家村图底关系

黟县宏村、徽州区唐模和呈坎、旌德江村、祁门渚口都为典型的块状村落，从各自的图底关系可清楚分析其村落形态、建筑与村落空间的关系（图5-5、图5-6）。

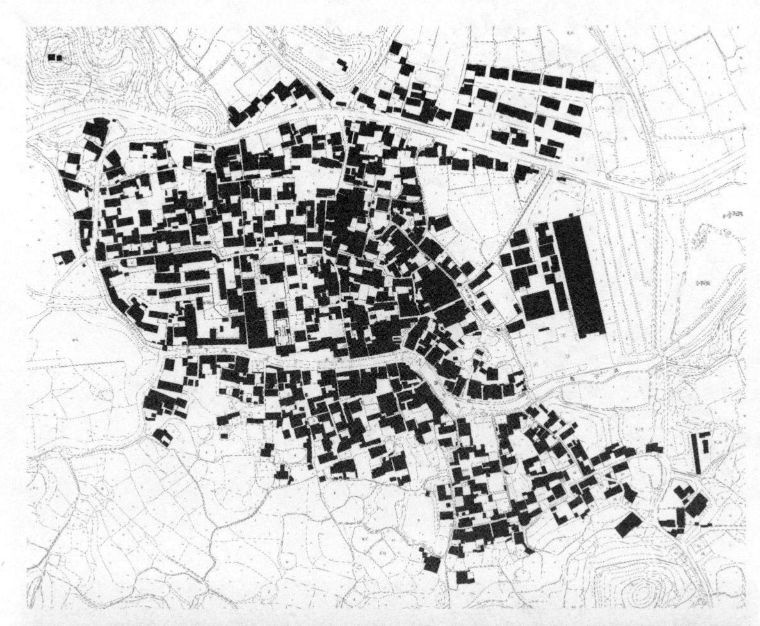

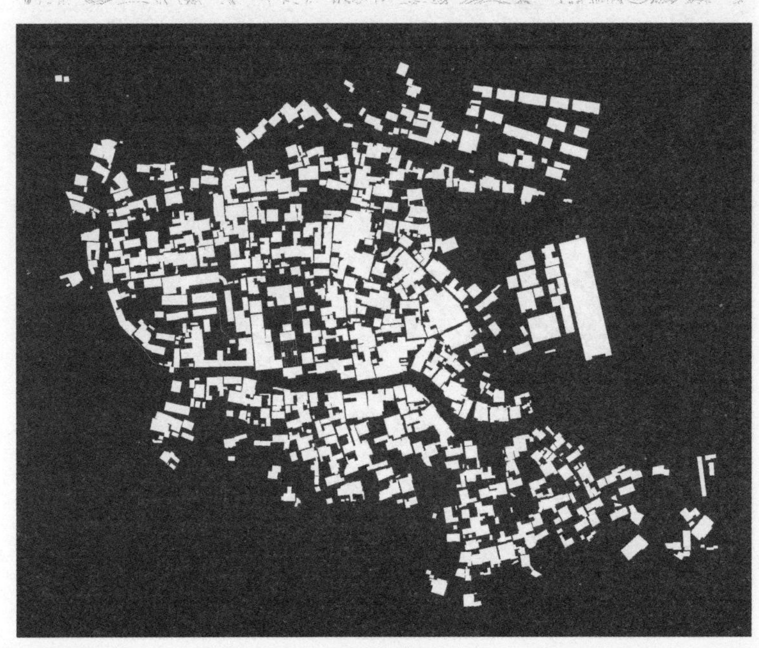

图5-5　唐模图底关系

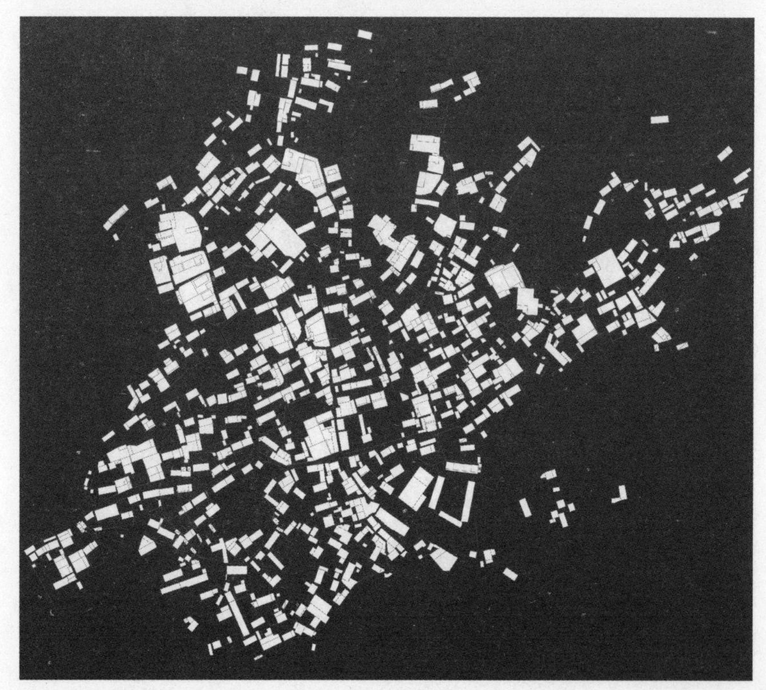

图5-6　江村图底关系

(2) 线状村落

线状村落是指村落发展受地形限制，沿着河岸或山麓呈带形延伸。沿河岸的带形村落，用水方便并有很好的景观视觉效果。歙县渔梁（图5－7）沿练江呈带形发展，三面环水；休宁的万安村、歙县的昌溪都属于此类村落。

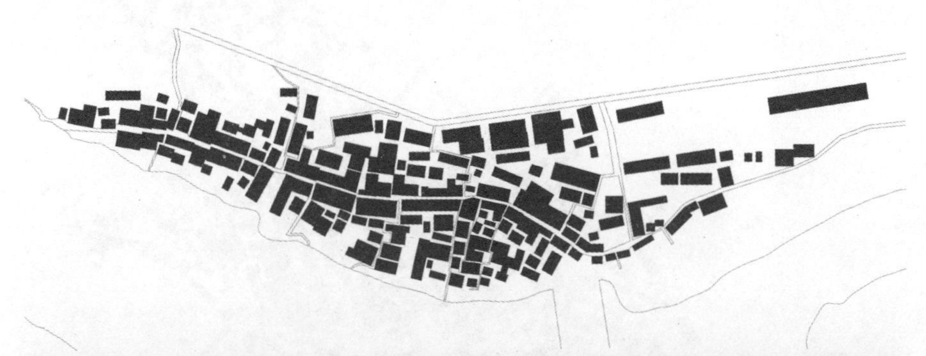

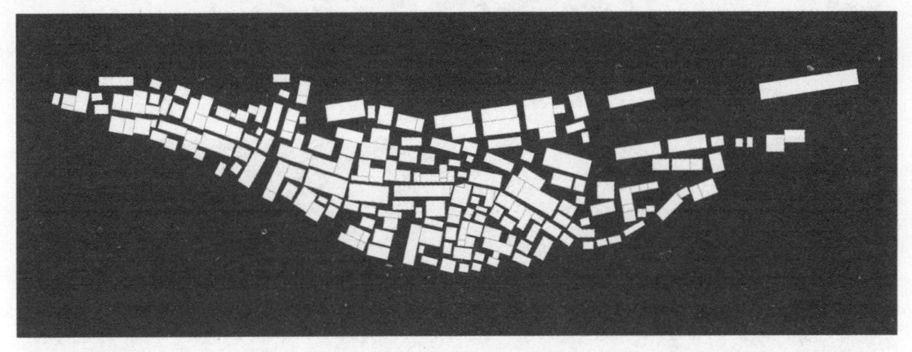

图5－7 歙县渔梁图底关系

(3) 混合型村落

村落的规模和形态并不是一成不变的，随着人口的增长和流动，村落的形态处于动态的发展。在特定的阶段，当原先的村落和新生的村落并存为一个村落时，两种形态并存，形成了混合型村落。

(4) 仿生象形

“风水之说，徽人尤重之”，徽州传统村落几乎无村不卜。在风水学的指导下，传统村落多依山傍水而建，出现了一些象形村、仿生村。这些村落从外部轮廓到内部骨骼具有某种形态上甚至是功能上的仿生倾向，从风水角度体现了某种规矩或禁忌，寄托了村民的美好愿望。譬如：婺源晓起如蝶、豸峰像铜锣，歙县渔梁如鱼，黟县西递似船、宏村似牛（图5－8、图5－9）。

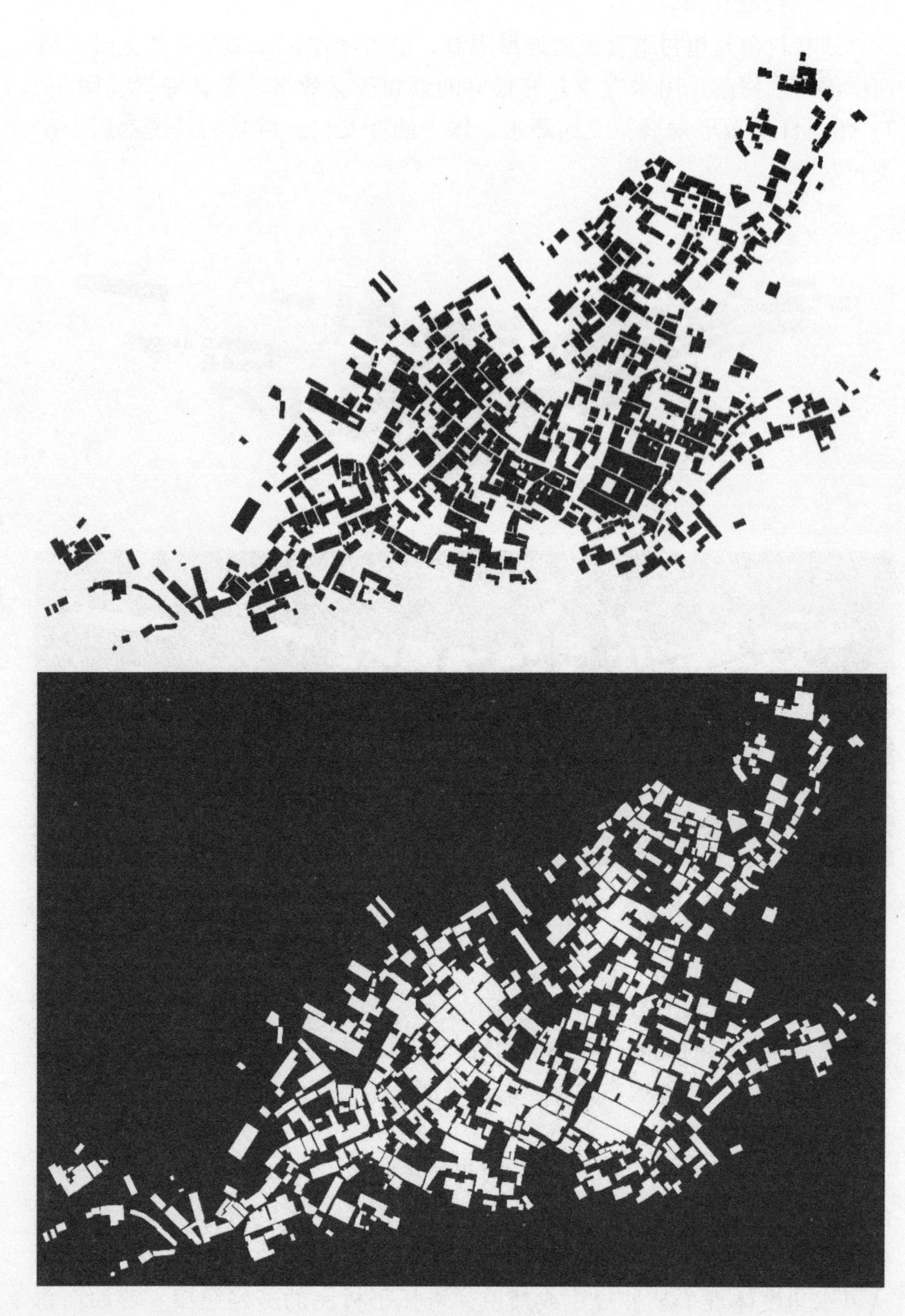

图5-8　西递图底关系

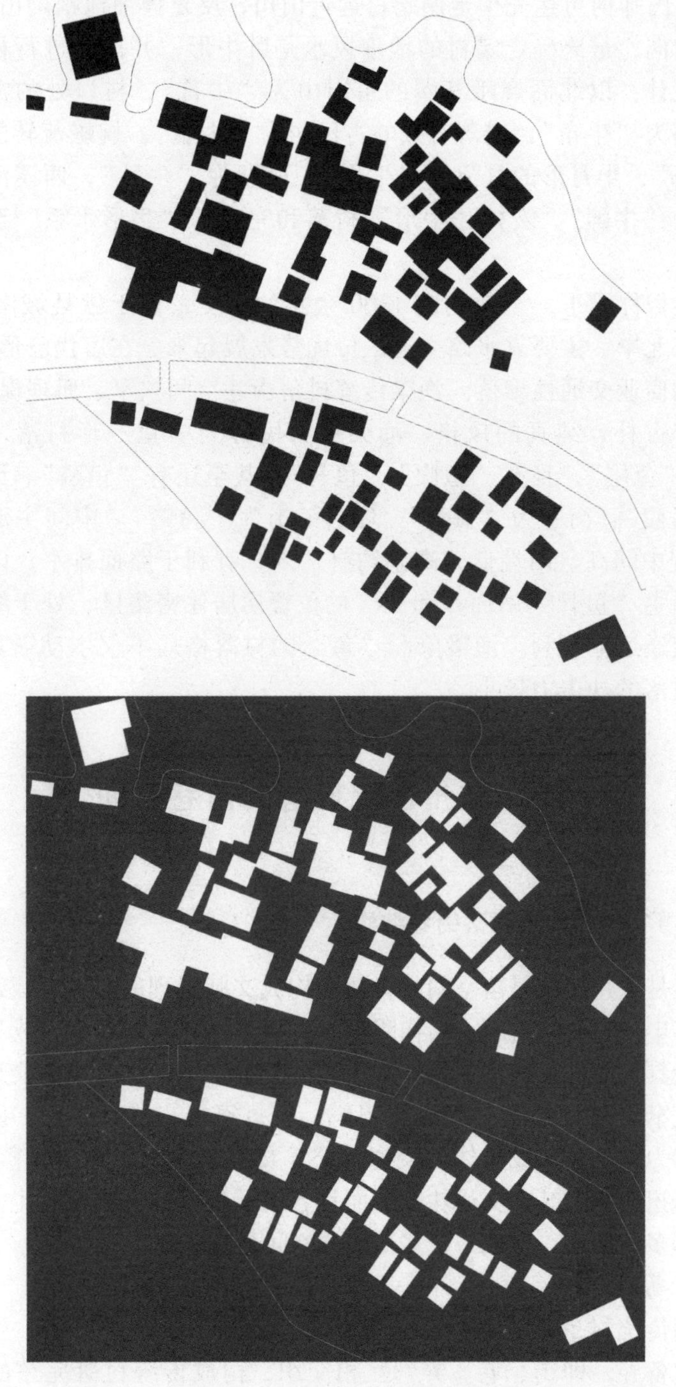

图5－9　婺源上晓起图底关系

风水国师何可达先生走遍宏村远近山川，反复详细地踏勘山脉走势、河流的走向，最终确定宏村的地理风水是卧牛形，并按此进行村落的总体规划设计：以北面巍峨苍翠的雷岗山为“牛首”，村口处的古红杨树和银杏树为“牛角”，错落有致的古民居为“牛躯”，蜿蜒流转的水圳象征“牛肠”，半月形的月沼为“牛胃”，南湖为“牛肚”，西溪河上的四座桥梁为“牛腿”。宏村“牛形”村落和完善的“牛形水系”至今举世瞩目。

渔梁俗称梁下，至今约有1300余年的历史，位于歙县城南约1000米的练江北岸，主要靠水路交通区位优势发展起来，在唐代已形成街市，是典型的商业交通性聚落。渔梁传统村落街巷空间狭窄、肌理保存完好，依旧保持古朴、纯真的风格。渔梁被村民称为“鱼”形村落，不仅有“鱼头”“鱼尾”，且有“鱼腹”“鱼骨”，甚至还有“鱼鳞”。集聚的住区为“鱼腹”，街巷为“鱼骨”，卵石铺街为“鱼鳞”。中间主街的“鱼骨”呈现中间高、两端低，高差约有7米，有利于路面排水，以减少村内内涝。主“鱼骨”南面“鱼肚”的位置属居住密集区，处于练江转折之处，交通运输便利。渔梁象形“鱼”的村落格局不仅生动逼真，且使洪水对村落的冲击力最小。

5.2 徽州传统村落的街巷空间

5.2.1 徽州传统村落街巷结构

街巷是徽州传统村落空间的骨架和构成文脉肌理的重要组成部分，其空间语言丰富、等级清晰、结构明显、类型多样、尺度多变，成为徽州传统村落最具识别性、最富情趣和生活性的公共空间。村落中的交通网络主要通过宽窄不一的街巷空间进行组织，将每家每户连接起来：以街为主干，以巷为支干，形成整体的交通网络，贯穿于全村，构成村落的骨架。其不但承担村落的基本交通功能，而且容纳了村民商业交往、生活以及游憩观赏等多种活动，构成一个多功能的空间系统。

(1) 等级结构

徽州传统村落街巷系统一般分为三个级别：交通性街道、生活性巷道、附属备弄，即街、巷、弄，互相交织，构成传统村落完整的街巷体系。不同级别街道承担不同的功能，塑造不同的空间感，创造多变、富有层次性的街巷空间。

第一级：交通性街道，一般可供轿子、马车通过，两侧一般布置商铺建筑、祠堂，是村落中最繁华和人流量最大的地方，一般宽在3米左右，两边建筑的高度与街道宽度比在2∶1至5∶1。比如，西递村里的主要街道一共有三条：大路街（图5－10）、前边溪街、后边溪街。若主街两侧布置住宅，那么住户一般是村内非富即贵之人。如用地允许，住宅的主体建筑会与街道留出一个前院，或形成前为商铺后为住宅的形式。

图5－10　第一级街道（西递大路街）

第二级：生活性巷道。两侧一般为居住建筑，是供人生活生产使用的巷道，宽度比一级街道窄，一般宽度2米左右。一般设有水圳或排水沟，并与每家每户天井的暗沟相联通，将天井汇集的雨水排入水圳、排水沟，最后汇入自然河流中。生活巷道的高宽比一般是5∶1至8∶1，生活性的巷道空间曲折幽深、界面较丰富（图5－11、图5－12），是传统村落中最具生活情趣的空间。

第三级：巷弄。宽度更窄，只在1米左右，高宽比在8∶1至10∶1，这种巷道一般很直，是一种封闭、狭长的带状空间，界面比生活性街道严肃，两边一般多为高耸的山墙，或是建筑的封火墙面，出于防火、防盗的考虑，几乎都为不开窗的实体墙，有较强的空间紧迫感，日常无直射阳光，创造了幽深、静谧的感觉（图5－13）。

图 5 - 11　第二级街道（西递横路街）

图 5 - 12　第二级街道（西递横路街）

图 5 - 13　第三级街道（西递某巷弄）

（2）结构类型

徽州传统村落的街巷三级结构体系明确、层次分明。三级结构体系可分为网格形和鱼骨分支形。

① 网格形

网格形路网结构是徽州传统村落街巷常见的一种布局形式，主要用于块状村落中，比如绩溪石家村的网格形道路系统（图5－14）。村落中有两条及以上主街，巷、备弄沿着主街排列，并相互衔接，构成二街多巷网格形、三街多巷网格形，甚至四街多巷网格形或五街多巷网格形；二街多巷网格形比如旌德江村，三街多巷网格形比如黟县西递等。

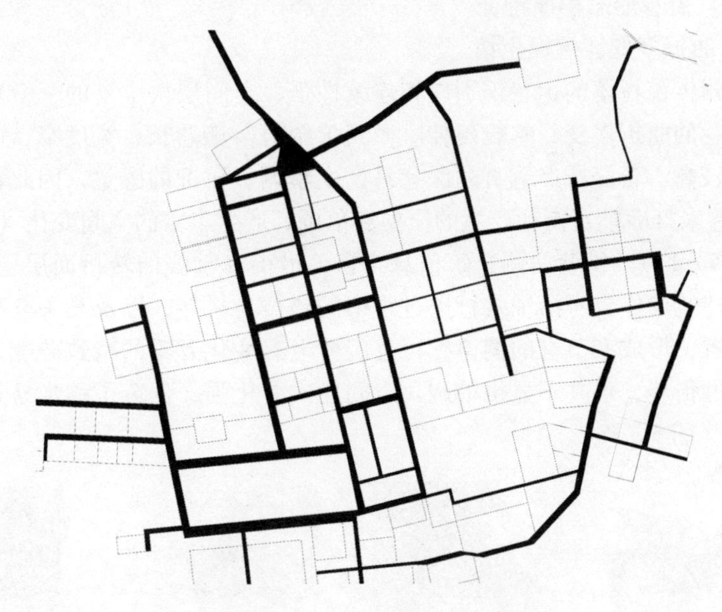

图5－14　绩溪石家村的网格形道路系统

② 鱼骨分支形

鱼骨分支形的道路网是徽州传统村落中另一种形式，常见于带形村落中。村落中有一条主街，狭长且贯穿整个村落，建筑沿主街的两侧有规律分布，巷道沿主街呈鱼骨状排列，形成一街多巷形的鱼骨分支形。如歙县渔梁、婺源的上晓起。

歙县渔梁街巷是传统村落中典型的鱼骨分支形，村落中心有一条东西主街——渔梁街，作为鱼的主脊椎骨，以此为骨架，垂直衍生出十数条东西向的巷子，即为肋骨，主街（主脊椎骨）和巷（肋骨）构成了渔梁颇具特色的鱼骨分支形街巷空间（图5－15）。

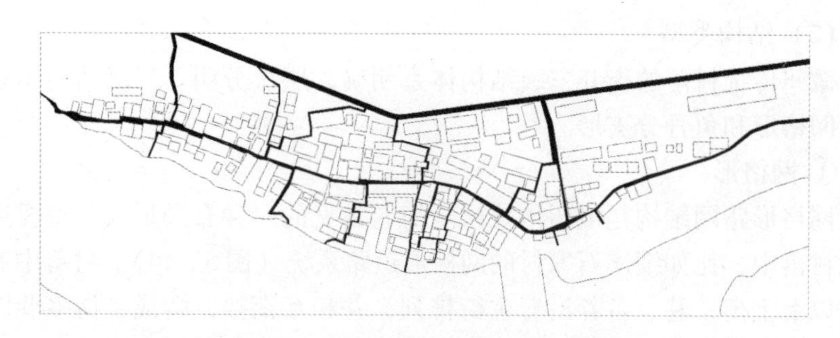

图5-15　歙县渔梁鱼骨分支形道路系统

(3) 街巷形态构成特征

① 曲折多变，蜿蜒生情

徽州传统村落的街巷识别性和连续性强、空间层次丰富的一个重要原因是街巷的曲折多变、蜿蜒延伸。徽州传统村落街巷长、宽度窄，两边建筑相对较高，若是威严笔直的深巷易产生单调、压抑的感觉，因此常采用S形街巷来打破笔直街巷产生的压抑和单调，产生丰富的空间变化（图5-16、图5-17）。街巷两侧建筑信息丰富，沿街巷轴线的转折而层层后退，再加上建筑单体自身沿轴线行进过程中的错位与拼接，以及马头墙高低错落的布置，形成有节奏的韵律感；且门楼上有变化万千的精致砖雕，即使是长长的街巷，也并不显得单调，空间层次变化强，创造了移步易景的空间感受（图5-18）。

图5-16　徽州传统村落S形街巷

图5-17　徽州传统村落S形街巷

图 5－18　徽州传统村落街巷

② 宽窄不一，收放自如

徽州传统村落街巷不仅线形多变，宽窄不一，顺应建筑围墙、收放自如。街巷的转角为避免锐角，一般都有放宽处理，不仅方便行走，而且在空间处理方面更显柔和（图 5－19、图 5－20）。

图 5－19　徽州传统村落街巷宽窄不一，收放自如

图 5－20　徽州传统村落街巷宽窄不一，收放自如

③ 顺应地势，道路起伏

徽州村落地形复杂多变，徽州古人充分尊重自然，根据地形高差的变化，街巷空间顺应地势、道路起伏多变，呈现高低错落的空间层次。

5.2.2 徽州传统村落街巷类型

（1）封闭型街巷

封闭型街巷是指街巷两侧都是建筑物，多为第三级巷弄。此类空间封闭、狭长，两侧多为高耸的马头墙，宽度以一米左右居多；有的最窄处只能一人通过，显示出封闭、安静的特征。譬如：西递一线天弄、南屏的步步高升巷（图5－21）。生活性街道局部也会出现此种类型。

图5－21　封闭型街巷（南屏步步高升巷）

（2）半封闭半开放型街巷

半封闭半开放型街巷分为两类，一是一侧建筑物连续封闭，另一侧建筑物中断形成豁口型。此种街巷类型打破封闭型街巷的封闭性，在街巷中出现豁口，空间变开阔，从收到放，而继续前进，又是收的空间，即封闭—半开放—封闭，形成较强烈的对比效果（图5－22）。

图5－22 半封闭半开放型街巷

二是一侧建筑物连续封闭，另一侧建筑物转折或部分后退，形成一块较大的空间（图5－23）。此种类型产生的较大空间一般为广场空间，由封闭—半开放—封闭，对比效果更加强烈。

图5－23 半封闭半开放型街巷

（3）一侧建筑，一侧临水或临空地

此种街巷空间一侧是马头墙或高耸的建筑，另一侧则是田野、水面等自然景观，为完全开敞的空间。与前两种类型相比，此类空间视野开阔，空间感相对弱些，人工环境和自然环境相融合，有较好的景观效果（图5-24）。

5.2.3 徽州传统村落街巷空间尺度

（1）街巷空间的物质构成

从街巷空间剖切面来看，徽州传统村落街巷空间是由水平方向的底界面、垂直方向的侧界面以及顶界面构成。

① 底界面

底界面包括街巷的地面、活动场地（广场）的地面、水系等。不同功能和等级街巷底界面的铺装材料、铺装形式和休憩设施的布置呈现多样性特点。在主要街巷或节点空间，铺装材料、铺装形式、铺装图案比较丰富和复杂，其他的就比较简单。常见的底界面铺装，中间部分采用细长的整块条石，两侧鹅卵石、碎石按一定的图案铺装（图5-25），或用简单的条石进行铺设。

图5-24 一侧建筑，一侧临水或临空地

图5-25 徽州传统村落街巷铺地

徽州传统村落街巷空间具有很强的地域特色，注重断面的尺度、比例以及营造形式，在底界面的铺装材料选择方面也体现了对地域材料的利用，多选用当地的材料，常见的有石板、花岗石、条石以及碎石、碎瓦等。如：黟县西递的大路街就是采用当地的优质石材——黟县青（图5-26）。

图 5－26　黟县西递的大路街采用优质石材黟县青

② 侧界面

徽州传统村落街巷空间的侧界面主要包括建筑立面、水系驳岸和树木等。两侧不同性质和内容的建筑，形成了不同风格的侧界面，两侧是居住和商业侧界面的墙体、门窗差别很大。

③ 顶界面

街巷空间的顶界面是街巷建筑上轮廓线的界面，由侧界面顶部边线所限定的天际范围来界定，是控制街巷空间比例及尺度的主要因素。徽州传统村落街巷马头墙错落有致、天际线丰富，顶界面信息量大。

（2）徽州传统村落街巷空间尺度

研究街道空间，日本学者芦原义信提出了宽高比的定义：假设街道建筑外墙高为 H，街道宽为 D，即街道 D/H 值，当 D/H = 1 时，街道会有均衡、理性的感觉；当 D/H < 1，空间感最强，产生接近、亲切感；当 D/H = 2 时，则会产生宽阔、开敞之感；当 D/H = 3，则有空旷的感觉，空间感很弱；当 D/H > 3 甚至更大比例的时候，失去空间感，迷失感、空旷感随之产生，街巷的魅力已消失[28]。

徽州传统村落街道 D/H 一般是小于 0.5，易接近，空间感强。譬如：经测绘得知，南屏步步高升巷两侧建筑高约 7.5 米，街宽约 1.82 米，D/H = 0.24；招财进宝巷两侧建筑高约 7.2 米，街宽约 2.06 米，D/H = 0.29。

5.2.4 徽州传统村落街巷标志要素

（1）牌坊

牌坊是一种纪念性建筑物，可布置在街道的入口、街巷中间和街巷旁，结合广场进行设置。设在街道的入口，标志街巷的开始；设在街巷中的牌坊，一般与街道两侧的建筑结合得很紧密，两侧的建筑一般为实的界面，牌楼则为虚的界面，既不妨碍村民穿行通过，又可暗示空间层次的变化，并通过与街巷两旁建筑的虚实对比，丰富街巷的空间层次性。如歙县斗山街的街中牌坊。旌德江村老街中连续设有两座明代父子坊，空间的层次变化更加丰富，从近处穿过一重又一重的牌坊看江村老街，比一览无遗更具有吸引力（图 5－27）。

（2）拱门和过街楼

拱门在徽州传统村落中很常见。比如：宏村现存 23 座拱门，西递现存 5 座拱门，成为街巷的一道独特风景。拱门经常出现在村落边界、街巷交叉口和街巷中间，有的起到空间的分隔和界定，有的又具有保持界面连续性的作用，而有的拱门两者皆有之。旌德朱旺村绍训堂和垂裕堂之间的拱门

图 5－27　旌德江村老街中明代父子坊

不仅保持了界面空间的连续性，而且兼具空间界定的作用，界定了朱旺村主街、水街和备弄的空间关系，表现出开放性街道和较为私密性的居住巷道的划分，同时又显示同氏族的居民——两兄弟的亲密关系。而南屏和西递的下面两处拱门位于街巷的中间，则起到保持街巷连续性的作用，并丰富街巷的空间层次性（图 5 - 28、图 5 - 29）；图 5 - 30 中的宏村拱门则起到空间界定的作用，图 5 - 31 则两者作用皆有之。

图 5 - 28　南屏某拱门

图 5 - 29　西递某拱门

图 5 - 30　宏村某拱门

图 5 - 31　宏村某拱门

与拱门相比，过街楼（更楼）具有一定的厚度和进深，空间分隔作用更强，光线变化也更强烈，经历了由亮到暗，再由暗到亮的过程，空间也更加丰富，行人在视觉上和心理上都会留下较深的印象。譬如呈坎的更楼（图5－32）。此外，更楼在传统村落中还具有消防的作用。

图5－32　呈坎的更楼

（3）井台空间

徽州传统村落中的水井有公共和私有两种，分布于村落各处。公共水井常与街巷结合布置，有方形和圆形，铺装形式有别于街巷的铺装，地面稍有抬高和加固，形成以井台为中心的小节点，为村民提供取水、聊天、逗留的休憩场所（图5－33）；另一种是布置在河流旁，形成街巷、河流、水井为一体的场景（图5－34、图5－35），比如旌德朱旺村的“九井十三桥”。

图5－33　南屏某井台空间

图 5－34　朱旺村水井

图 5－35　朱旺村水井

5.3　徽州传统村落的节点空间

5.3.1　广场空间

在欧洲，广场是市民的生活空间和进行公共活动的重要场所，在广场上可进行聚会、言论发表以及娱乐、休闲等各类活动，如意大利威尼斯圣马可广场被誉为“欧洲最美丽的客厅”。在古徽州，并没有“广场”这一概念，而是称为“坦”，是当初建房时留下形状不规则的空地，扮演着村落中公共集会的重要角色，还可用于晾晒谷物等农产品。

（1）广场在村落布局中的位置

徽州传统村落的广场一般位于街巷网络的交接处，祠堂或书院的前面，是村落街巷空间序列的高潮之一。大多不是经过规划的，尺度不大。在街巷的转折或交叉口处设置广场，街巷与广场的叠合是徽州村落的特征之一，比如西递敬爱堂前的广场是前边溪街和直街的交汇处，南屏叶氏支祠前广场是主街和次街的交汇处，江村的江氏宗祠前广场位于老街和另一条次街的交汇处。

（2）广场的形式

徽州传统村落的广场主要以硬质铺地为主。广场旁常有街巷和水系，广场上可布置石凳、牌坊等。如：西递的胡氏宗祠前广场（图5－36）、绩溪龙川胡氏宗祠前广场、北岸的吴氏宗祠前广场、大阜的潘氏宗祠前广场等。

图5－36　西递胡氏宗祠前广场

另一种形式以宏村汪氏宗祠前广场为代表，其主要有半月形月沼构成，与硬质铺地为主的广场相比显得柔和，水、祠堂、民居建筑和谐统一，构成一幅美不胜收的画面（图5－37）。

图5－37　水、祠堂、民居建筑和谐统一

（3）广场的空间分析

徽州传统村落中的广场是空间结构上的开敞性的空间，在村落的整体结构中，这些空间像一个“磁场”，吸引人在此逗留，具备一定的吸引力。在“场”的空间研究中，将“场”的空间图底转化来研究其对人的行为的影响和吸引，研究这种开敞空间少不了提到“阴角空间”。芦原义信在《街道的美学》一书中解释道：“所谓的‘阴角’，以‘升’为例，系指内侧凹进去的空间，相对应的‘阳角’系指‘升’外侧突出的空间（图5－38）。”[28] 当人处在一个四周都围合的领域内，能感受到较强的空间感，有明确的界面，有很强的安定感和安全感。在户外，人依靠周围建筑或构筑物的边界了解自己所处区域的范围，来感受空间的存在，从而寻找心理的安定感。通过分析人在户外开敞空间的行为地图可知，人在开敞的空间中倾向于逗留在场所的边界处，而不希望暴露于场所的中心。因为处于场所的边界处，由于靠着周边建筑物或构筑物，并未将自己暴露于别人的视线中，安全且视野开阔，又能满足观景和观看别人的一言一行，满足“人看人”的心理；相反处于场所的中心，则将自己暴露于所有人的视线中。

建筑后退围合形成广场，广场的转角有较好的围合时就能形成亲切、封闭性强、令人安心的安定空间，人在此处空间发生自发性行为频率更高。此处空间即是阴角空间，它是一处由四周建筑包围起来的领域，能给人创造安全、温暖的空间，是具有魅力和吸引人的空间。

广场空间是徽州传统村落中较大的“场”和最具吸引力的空间之一。如西递的追慕堂前广场，位于大路街旁追慕堂前，较为开阔，且有一定的围合和阴角空间（图5－39），是西递村早市的地方，人流密集。

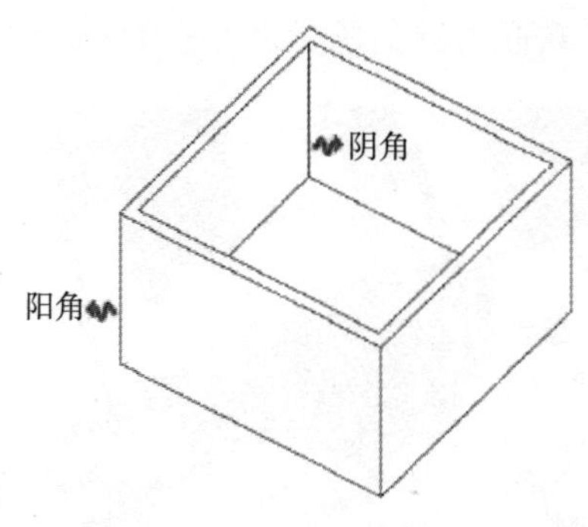

图5－38　升的阴角与阳角

图片来源：芦原义信．街道的美学［M］．尹培桐，译．南京：江苏凤凰文艺出版社，2017：71.

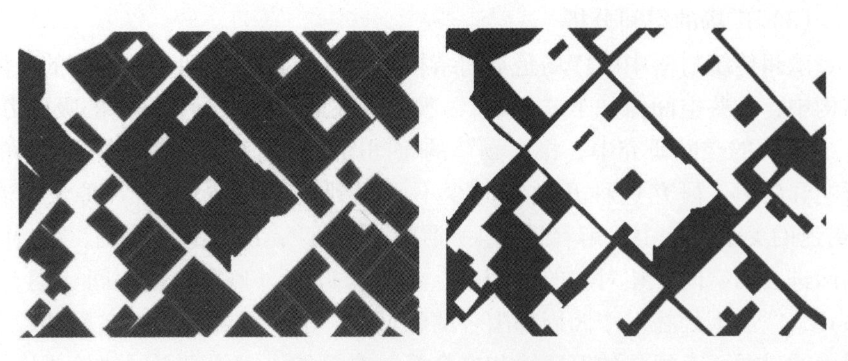

图 5－39　西递追慕堂前广场图底关系

西递的敬爱堂前的广场空间位于前边溪路和直街的交汇处，从其图底关系上分析可知（图 5－40），视野开阔。与追慕堂前广场相比，其周围建筑所提供的阴角空间较少，人流流动较快，停留驻足时间不长。

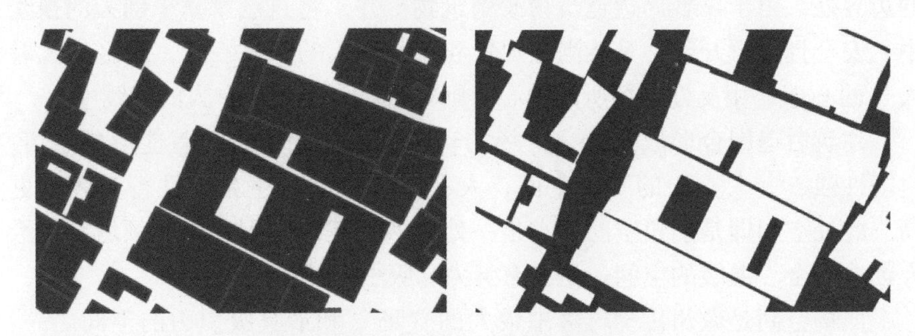

图 5－40　西递敬爱堂前广场图底关系

宏村的汪氏宗祠前广场，视野开阔，从其图底关系上分析可知，视野开阔，但具有较强的围合感，形成了较好的阴角空间（图 5－41），围绕月沼，村民不仅进行洗衣服、洗菜等日常必要活动，而且也常在此处进行聊天、晒太阳等休闲娱乐活动，成为宏村受欢迎的空间场所之一。

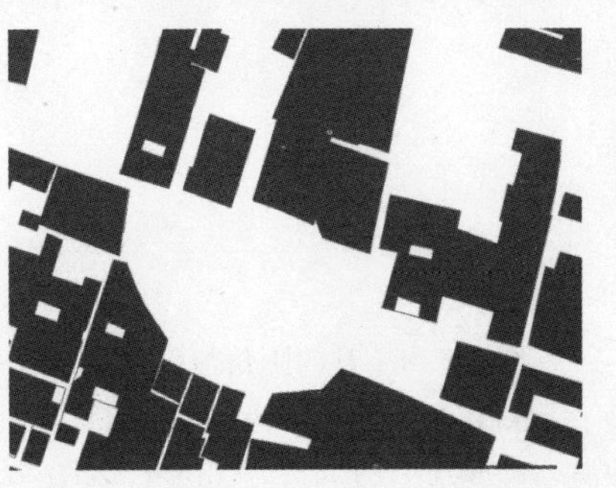

图 5－41　宏村汪氏宗祠前广场图底关系

5.3.2 交叉口空间

徽州传统村落的街巷空间相对狭小，宽窄收放自如、曲折变化，交叉口类型众多、变化丰富。存在各种形式的交叉口，有十字交叉、十字错位交叉、T 字交叉、Y 字交叉、L 字交叉等类型。

十字交叉：具有交口便捷、流线清晰，能提高行车的通行能力，有较好的交通性、秩序性，所以常用于现代城市交通空间中。但缺少空间感和场所感，是人们最不愿意停留的地方，也是风水忌讳的地方，因而在以步行为主的徽州传统村落中，十字交叉口并不常见。

十字错位交叉：这是针对十字交叉口的弊端出现的改良形式，按照一定的秩序发生错位，有的甚至扩大成风车状，生活性增强（图 5－42）。

图 5－42　十字错位交叉

T 字交叉、Y 字交叉：在徽州传统村落中最常见，在交叉口具备了“转折”和“停顿”的特点。由于巷道较窄，在交叉口处往往会拓宽，并设置供休息的石凳，村民也常三五成群在此晒太阳、拉家常（图 5－43、图 5－44）。

L 字交叉：在 L 字交叉中，为了便于他人出行，徽州古人一般会把建筑的直角改为斜角，从而拓宽 L 字交叉口。

图 5－45、图 5－46 与表 5－1 是宏村街巷交叉口的类型及比例统计，从统计结果可知，宏村道路交叉口类型丰富，主要有 T 字交叉、Y 字交叉、

L字交叉、十字错位交叉、十字交叉五类。T字交叉在宏村交叉口中数量最多，高达62.0%；其次是Y字交叉、L字交叉、十字错位交叉，分别占到14.8%、12.7%和8.5%；十字交叉数量少，仅占到2.0%。

图5-43　T字交叉

图5-44　Y字交叉

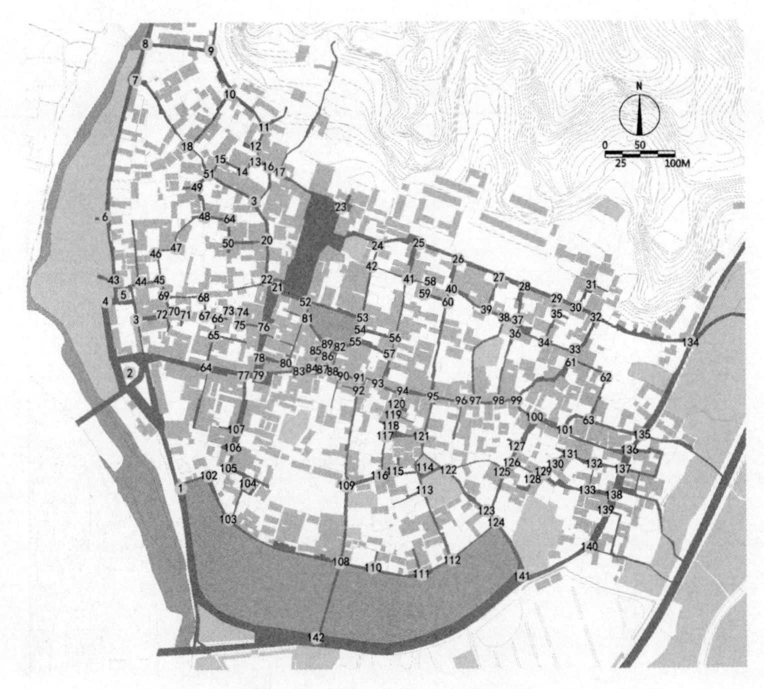

图 5－45　宏村交叉口编号图

图 5－46　宏村交叉口类型图

表5－1　宏村交叉口统计表

交叉口类型					
交叉口类型	L字	Y字	T字	十字交错	十字
数量	18	21	88	12	3
比例	12.7%	14.8%	62.0%	8.5%	2.0%
具体形态及编号	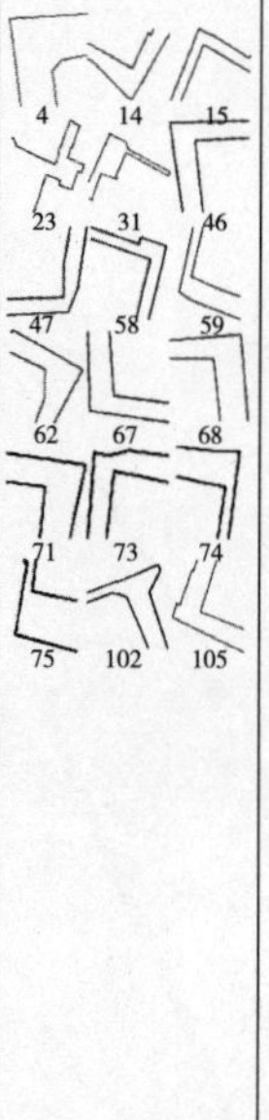 4 14 15 23 31 46 47 58 59 62 67 68 71 73 74 75 102 105	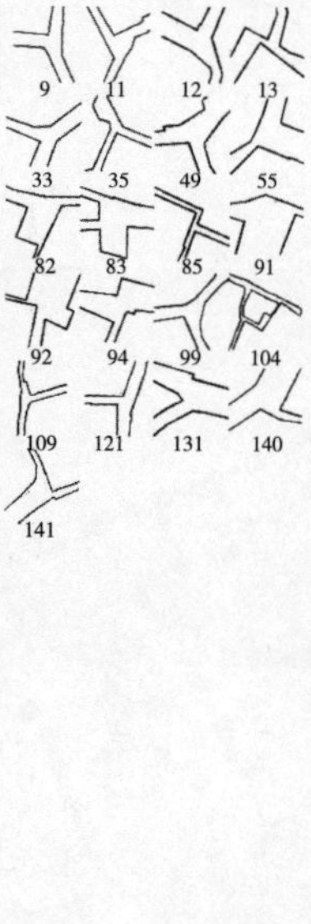 9 11 12 13 33 35 49 55 82 83 85 91 92 94 99 104 109 121 131 140 141	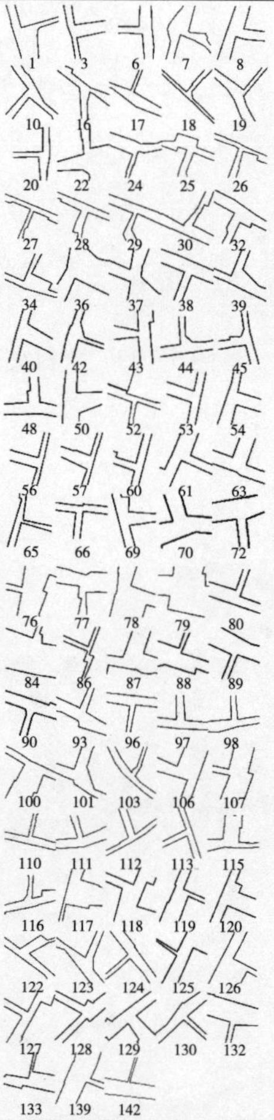 1 3 6 7 8 10 16 17 18 19 20 22 24 25 26 27 28 29 30 32 34 36 37 38 39 40 42 43 44 45 48 50 52 53 54 56 57 60 61 63 65 66 69 70 72 76 77 78 79 80 84 86 87 88 89 90 93 96 97 98 100 101 103 106 107 110 111 112 113 115 116 117 118 119 120 122 123 124 125 126 127 128 129 130 132 133 139 142	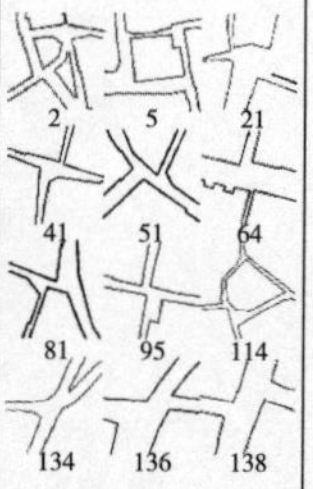 2 5 21 41 51 64 81 95 114 134 136 138	 108 135 137

第6章　徽州传统村落典型建筑的空间布局

6.1　徽州古民居空间布局

6.1.1　徽州古民居特点

在古越人为适应潮湿环境建造的干栏式建筑的基础上，融合中原院落式建筑特点，徽州建筑逐步发展成“白墙灰瓦马头墙，天井厢房夹正堂”，以独特的造型美成为中国古建筑重要的一部分。

（1）造型简单，点、线、面构图，追求简洁、典雅美

徽州古民居造型简单，点、线、面构图，粉墙黛瓦，追求简洁、典雅美（图6－1、图6－2）。

图6－1　徽州古民居造型简单，简洁、典雅

图6-2　徽州古民居

① 点的解读

徽州古民居窗户很小，视为建筑的点，门比窗户大些，但与高大的院墙相比，也可看成构成建筑的点。古民居的墙体高大且封闭，外墙窗采用的都是高窗，窗户很小，弱化了窗户的采光和通风功能。明朝之前的徽州民居一层基本不开窗户，相对于简洁的“面”而言，窗户起着点缀和装饰的作用（图6-3、图6-4）。

图6-3　点——窗户小

图6-4　点——窗户小

徽州古民居的“面”（墙体）以简洁、素雅著称，作为“点”的门是重点装饰的部分（图6-5），除了简单的石库门，有拱形门、八字门、字匾门、垂花门、牌楼门等，类型丰富且有精美的砖雕和石雕，除具有标识出入口、防雨、装饰等实用功能外，还是财富和地位的象征。

图6-5　点——重点装饰的门

② 线的解读

徽州建筑的“线”主要表现为墙头压檐，最大特色为“一”字形屋檐的上下叠落形似奔马昂首嘶鸣的马头墙，而非常规的三角形山墙。错落有致的“一”字形马头墙层层叠叠，打破了封闭高墙的单调性，形成了动态的韵律感；同时不同形式的马头墙，比如挑斗式马头墙、坐斗式马头墙、鹊尾式马头墙和坐吻式马头墙，因不同的压顶和翘角形式增加了封闭高墙的活泼性（图6-6）。

图6-6　上下叠落形似奔马昂首嘶鸣的马头墙

③ 面的解读

白色的墙面和青灰色的屋顶构成了建筑的“面”。徽州古民居的墙面无过多装饰，色彩淡雅，在青砖砌筑完后抹一层白灰，经过岁月风雨的洗礼后，形成了斑斑驳驳的“粉墙”，在青山绿水间显现了建筑的简约美，简约美中更透出强烈的历史感。由于徽州建筑密集，且村内多为老人、妇女、儿童，建筑墙面主要通过高高的、封闭的实体墙进行空间的围合和限定，没有采用虚实空间的对比。简洁的正立面墙体现了中国古建筑的特点——对称性，基本形成矩形和“凹”字形两种基本形状，体现中国传统建筑具有的稳定和静态美。侧立面墙面大多与马头墙形成高低起伏、错落有致的阶梯形，具有较强的动态感。

由于墙体高大、封闭，屋顶在徽州建筑立面构图中并不占据很大的比重，但从传统村落四周群山向下俯瞰时，看到的是清一色的屋顶，天井、庭院有机散落于无序却不凌乱的青黑色屋顶中，屋顶和天井虚实结合，形成了“面”的形态，并与白色的墙面共同构成了“粉墙黛瓦”的徽州建筑（图6-7）。

图6-7　面——屋顶

（2）平面规整，中轴线对称

徽州古民居平面继承了中国传统建筑平面的特点，平面规整，中轴对称。木构架承重，墙体不承重，墙体只起着围护和分隔空间的作用。这种结构体系决定了平面的方整，易于分隔。平面都为三间制，中间为厅，两旁为厢房，中轴对称。从徽州传统民居的典型平面图中可知（图6-8），徽州古民居的平面序列为：大门—天井—厅堂（两侧为厢房）—天井—厅堂（两侧为厢房），厅堂和天井相连通，是室内最开阔的地方，位于中轴线上，是整座住宅的核心，采光通风条件最好。《释名》中言“堂，当也，当正阳之屋；堂，明也，言明礼之所”，前面的厅堂主要用于接待客人、议事等作用，后进之堂也叫“高堂”。

厅堂与天井之间，比较大的民居常设有檐廊，成为天井与厅堂之间的过渡空间，在大户人家，厅堂前檐廊通常为卷棚顶，这种做法称“轩棚”（图6-9）。

（3）内设天井，空间紧凑

天井是最具徽州建筑特征的元素之一。“天井”一词最早见于《孙子》所载：“凡地有绝涧天井、天牢、天罗、天陷、天隙，必亟去之，勿近也。”意思是天井是四面陡峭、溪水所归、天然之井。

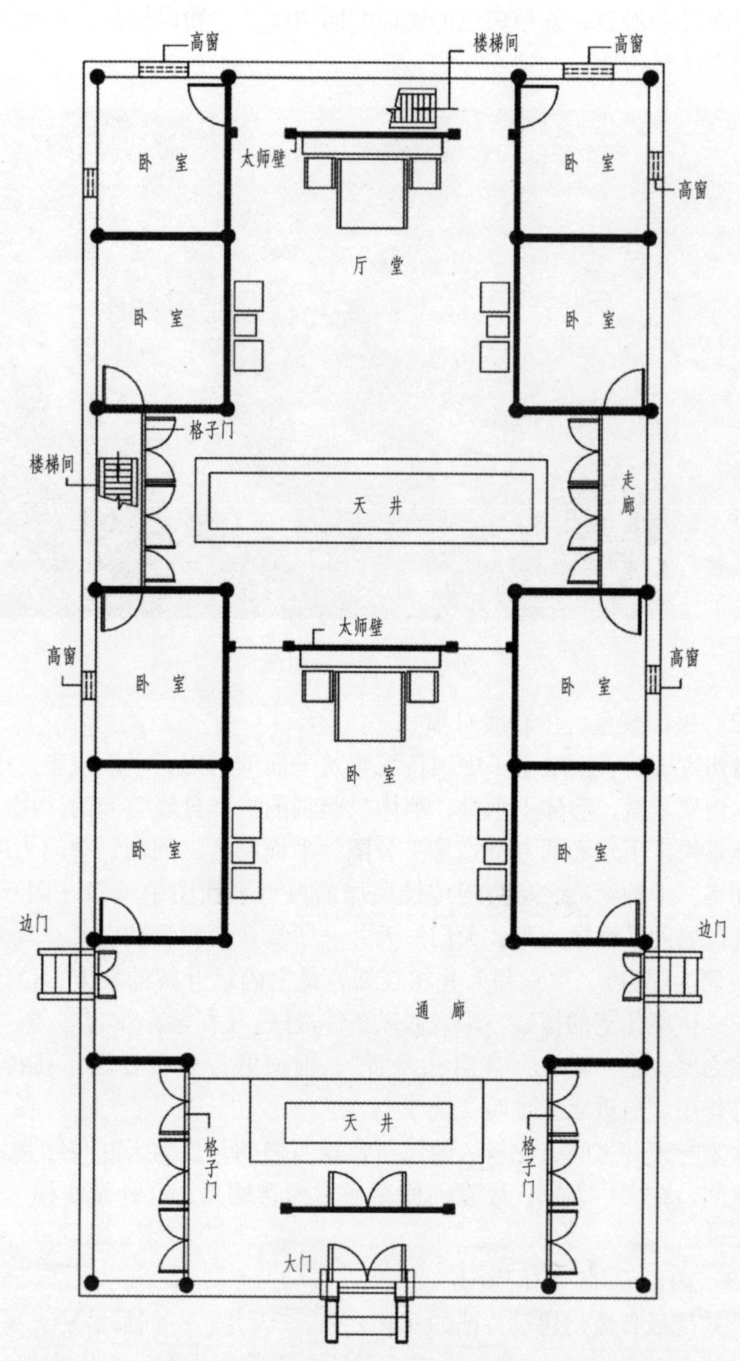

图 6-8 徽州传统民居的典型平面图

图片来源：抄绘

图6-9　西递惇仁堂“轩棚”

每一幢徽州传统民居都设有天井，空间紧凑，天井与厅堂相通，室内空间开阔、无局促感。徽州古民居四周坡屋面向内倾斜围合成漏斗式的井口，雨水由四周屋面汇入天井中，形成“肥水不流外人田”，故称“四水归堂”（图6-10）。

图6-10　“四水归堂”

（4）封闭内向，外墙窗户小，宅内窗和宅外窗区别很大

① 外墙封闭，正宅外墙窗和院墙窗风格迥异

中原移民大规模举族迁至徽州，沿袭了中原民居四合院的中轴对称、规整严谨的特点，且注重住宅的安全性、防御性；加之徽州地少人多，建筑密度极高，火灾隐患大，成年的男子常在外经商，村内大多是妇女和儿童，所以防火防盗迫在眉睫。于是宅与宅之间用高耸的马头墙隔开，外墙封闭，正常的视线高度基本不开窗，外墙窗户很小，较好地保证了住宅的私密性，采光并不是它的首要功能，而是出于防火、防盗考虑。除此其室内也有其他防盗的考虑（图6-11）。

图6-11　室内防盗措施

与正宅的外墙窗相比，院墙上的窗有所不同，一般不避讳视线的穿透，常采用镂空花窗，室内室外的景色相互渗透，具有借景的作用（图6-12），且带有精美砖石雕的镂空花窗增加了街巷的趣味性和丰富性。譬如西递东园的秋叶形漏窗，具有“借景”的作用，增添了街巷的层次性、趣味性和识别性，并寓意“抬头行善，落叶归根”（图6-13）。

图6-12　西递瑞玉庭院墙镂空窗——借景

② 宅内窗精雕细刻

进入徽州古民居后，能见到宽敞的厅堂和与天地相连的天井，与徽州建筑外在的封闭性形成鲜明对比。由于厢房的外墙窗很小，不具有采光和通风的作用，所以厢房尽可能大的向天井开宅内窗，以解决通风采光，且宅内窗上都有精美的木雕，体现了主人的审美情趣和美好祝愿（图6－14）。

图6－13 西递秋叶形漏窗

图6－14 宅内窗精美木雕

徽州古民居向天井开启的宅内窗，与对外开启的外墙窗，两种风格截然不同，反映了徽州人的性格和生活行为方式。

（5）注重大门

徽州古民居造型简单，无过多的装饰，但大门是重点装饰之处，有“十分建楼，七分建门”之说。门在建筑立面上处于显著的位置，体现建筑的风格面貌，且反映出主人的社会地位和文化涵养。徽州大门融合了梁、柱、檐、斗拱、匾额等极具特征的装饰元素，更有精美绝伦的砖雕，具有极强的地域建筑特征（图6－15）。

一般民居大门皆为双扇，门洞与立面墙面之比，为15∶1至20∶1，当加门套、字匾、门罩，与墙面相比，为8∶1至10∶1[6]。徽州民居大门的功能和样式，详见本书6.1.4节。

（6）结构巧妙

徽州古民居结构巧妙，同一栋建筑采用了不同的结构体系。抬梁式和穿斗式结构是中国木结构体系常用的两种结构体系，徽州古民居充分利用这两种结构体系特点，在厅堂等大空间采用了抬梁式，而位于两侧的小空

图6-15 精美砖雕

间厢房则采用了穿斗式结构。这种组合方式不仅具有中国传统建筑“墙倒屋不倒”的特点，且合理利用空间又节约了材料，整体稳定性也较好，墙体不承重，外墙用铁耙钉子固定在穿斗架上。

（7）精湛的雕刻

徽州古民居外观采用黑白灰色调、无过多的装饰，简洁、典雅、大方。徽州人信奉“财不外露”，建筑外观平淡，但室内装饰，尤其是雕刻，技艺精湛，却不奢华，无奢靡之风。木雕、石雕、砖雕被誉为“徽州三雕”，广泛运用于徽州古民居中。

1）木雕

徽州古民居为木构架体系，室内主要以木雕刻装饰为主。享有“中国木雕第一楼”的黟县卢村的木雕楼，采用多种雕刻技法，几乎每根木头都雕满了图案，内容丰富，造型生动。

① 与木结构完美结合、设计和谐

徽州木雕多饰于梁坊、斗拱、雀替、蜀柱、斜撑、驼峰等承重体系（图6-16、图6-17），也广泛运用于格扇、窗格、窗栏板、莲花门、栏杆等非承重结构和家具上，精雕细刻，令人叹为观止，前者称“大木雕”，后者为“小木雕”。

图6－16　木雕

图6－17　木雕

徽州木雕，尤其“大木雕”部分，常采用红木、银杏、楠木等名贵木材，一方面为了保持木材的纹理，另一方面明初禁止饰色，基于这两方面的原因，一般不饰色彩。到了清中叶后，小木雕开始饰色，甚至外表镀金，也用翡翠、玉石镶贴。如宏村承志堂厅堂内精美的木雕刻上表层饰金，足黄金一百余两。

② 雕刻技艺精湛、多元

徽州木雕根据建筑构件的材料、大小、位置采用不同的构图和手法，从而呈现雕刻技艺的多元化。徽州木雕有深浮雕、浅浮雕、透雕、圆雕，有平板线刻、凹刻、凸刻等种雕刻技法，比如雀替、梁托、斜撑拱常采用圆雕、透雕，雕刻鹿、虎、象、狮等吉祥动物或八仙、福禄寿等人物。非常有特色的构件“倒挂狮”，每栋民居各不相同，展示了匠人高超的圆雕技艺和构思水准。而窗子下方、天井四周的栏板会采用浮雕的形式雕刻戏曲故事题材的图案。

徽州木雕除了单个构件采用合理构图和技法外，在整体构件的组合设计方面，也体现了独特的设计美感。比如莲花门，根据莲花门的不同组成部分进行合理的组合和设计。莲花门由上部、中部和下部组成（图6－18）。上部采用镂空花格便于透光；中部称“束腰”是观

图6－18　莲花门

赏的最佳角度，所以是重点雕刻之处，常刻有民俗故事、戏曲故事的人物图案；下部分裙板采用平板浮雕或无雕刻，内容一般为花卉植物、翎毛走兽、八宝奇珍等。

2）石雕

徽州石雕防雨防潮、质地坚硬，在牌坊中运用最广（图6-19）。徽州古民居石雕多用于建筑物的基座、抱鼓石、柱础、门框、漏窗等构件上。用料主要为本地的石材，比如黟县青岗石、花岗石、茶园石等。与木雕与砖雕相比，受材料限制，雕刻不及另两种复杂。

图6-19　精美石雕

徽州民居的抱鼓石狮，高大、坚实，与华美的木雕狮不同，显示了门第的高贵。民居上的石雕漏窗通过“漏、透”，起到空间渗透的作用，美观、坚固，同时表现了主人的艺术追求和品位。宏村承志堂鱼塘厅的墙上有一幅石雕《四喜图》，即四只喜鹊站在梅枝闹春，双层雕刻雕工精湛、构图巧妙。西递西园的“松石”石雕漏窗雕刻了造型刚劲的奇松，从嶙峋怪石上斜向伸出；“竹梅”石雕漏窗雕刻弯竹顶劲风、古梅枝婆娑，体现了西园主人高风亮节、超凡脱俗的情趣（图6-20、图6-21）。

3）砖雕

在古民居中，徽州砖雕主要用于大门、门楼、门罩、八字墙、影壁、马头墙等，在门脸——大门处广泛使用砖雕，雕刻细腻，技法精湛。一件砖雕作品的制作，需要经历放样、开料、选料、磨面、打坯、出细和补损修缮六道工序。明代徽州砖雕，构图守拙，刀法简练；清代趋于工巧繁缛，砖雕有七八层之多，最多竟达九层。绩溪湖村门楼巷保留一组砖雕，工艺技巧达到了炉火纯青的地步；朱旺村建于清道光十五年（1835年）二十四葵花堂门楣，镶砖雕二十四朵向日葵花，形状各异、千姿百态，雕刻精细，造型完美（图6－22）。西递迪吉堂门楼砖雕同样雕刻精美（图6－23）。

图6－20　西递西园竹梅石雕

图6－21　西递西园松石石雕

图6－22　朱旺村二十四葵花堂门楣镶砖雕二十四朵向日葵花

图6－23　西递迪吉堂门楼砖雕

6.1.2　平面类型和单元组合

（1）平面类型

受中原建筑和中国传统宗教礼仪和文化的影响，徽州古民居平面规整、中轴对称，根据天井位置的不同，平面布局共有四种类型。

①“凹”形平面

“凹”形平面中轴对称，为三间一进楼房，多为二层。一层、二层平面布局、结构一样，中间为厅堂，左右为厢房。厨房、畜圈等辅助用房一般为一层，布置于主体建筑左右一侧或后侧。明朝、清朝及以后的楼梯位置有所不同，明代底层低，二层高，楼梯主要布局于天井的一侧，随着起居生活转移至底层，底层层高增加；清朝及以后的楼梯多布置于厅堂太师壁后。这也成为判断民居朝代的条件之一。楼梯为木制，坡度很大，很陡峭。这种平面呈方形，四周高墙围护，又称“一颗印”（图6－24、图6－25、图6－26）。

②“H”形平面

“H”形平面中轴对称，为三间二进楼房，多为二层。前后各有一个天井，前后天井各沿前后高墙一侧，中间两厅相邻合一屋脊，称“一脊翻两堂”（图6－27）。

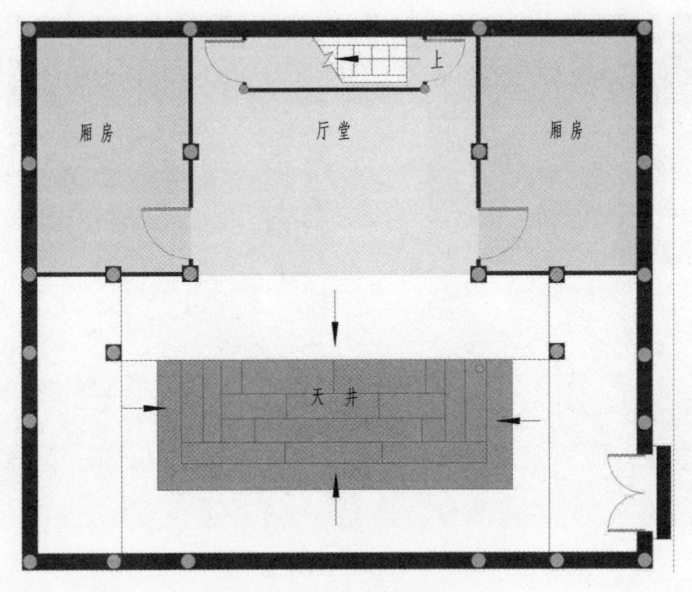

图 6－24　“凹”形平面
图片来源：抄绘

图 6－25　徽州古民居楼梯

图 6－26　徽州古民居厅堂

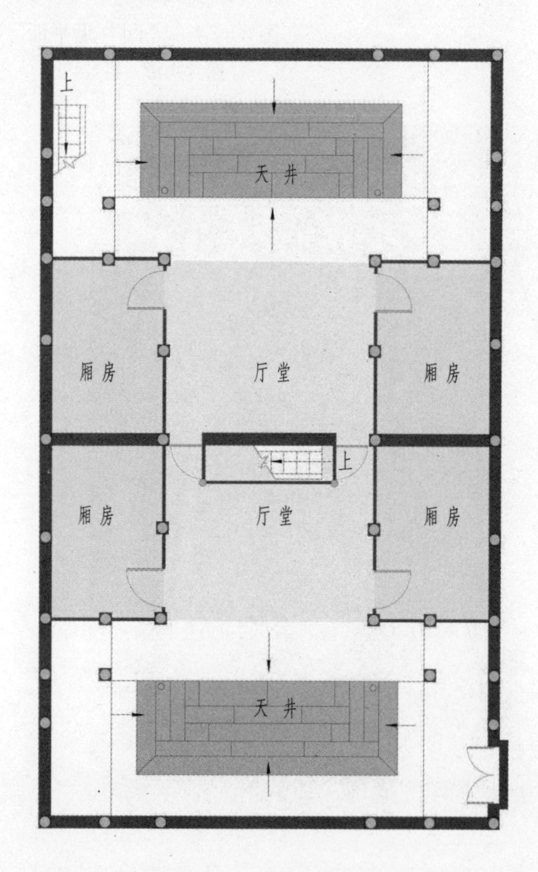

图 6－27　“H”形平面

图片来源：抄绘

③“回”形平面

“回”形平面即四合式，中轴对称，为三间二进楼房，门厅和堂相对，也称“上下对堂”或“上下厅”，分为大四合和小四合（图6－28）。

大四合上厅和下厅都为三间式，均为二层，但上厅的地坪较高，进深也比下厅深。小四合上厅部分与大四合相同，但下厅则为平房，而且进深浅，房间小。中间明堂也叫穿堂，因为面积小，只能作为通道，尚构不成厅。

④“日”形平面

“日”形平面三间二进楼房，多为二层。共有两个天井，两个“凹”形平面沿着中轴线纵向排列（图6－29）。

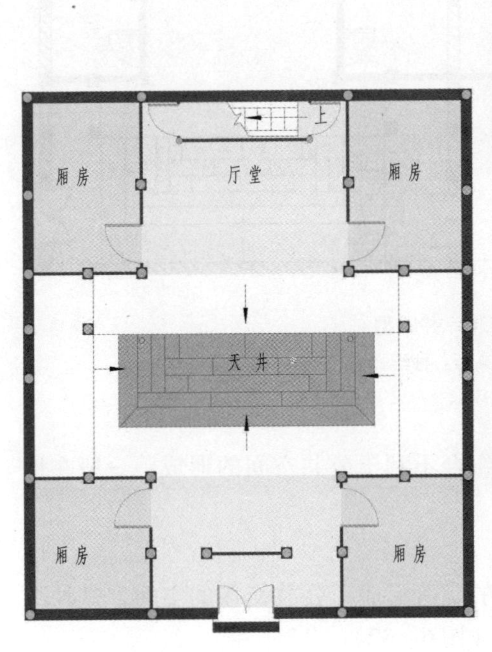

图6－28　“回”形平面

图片来源：抄绘

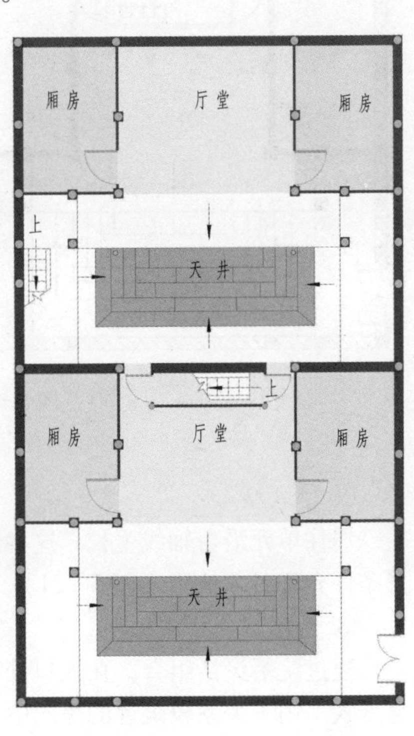

图6－29　“日”形平面

图片来源：抄绘

（2）单元组合

① 并联型

居住单元左右拼接，共用一堵墙，在墙上开门，门的开启或关闭使得居住单元相互联系或保持独立，体现了亲而不紊、独而不孤，也体现了依靠血缘关系形成的聚族而居对居住形式的影响，是常用的一种形式（图6－30）。

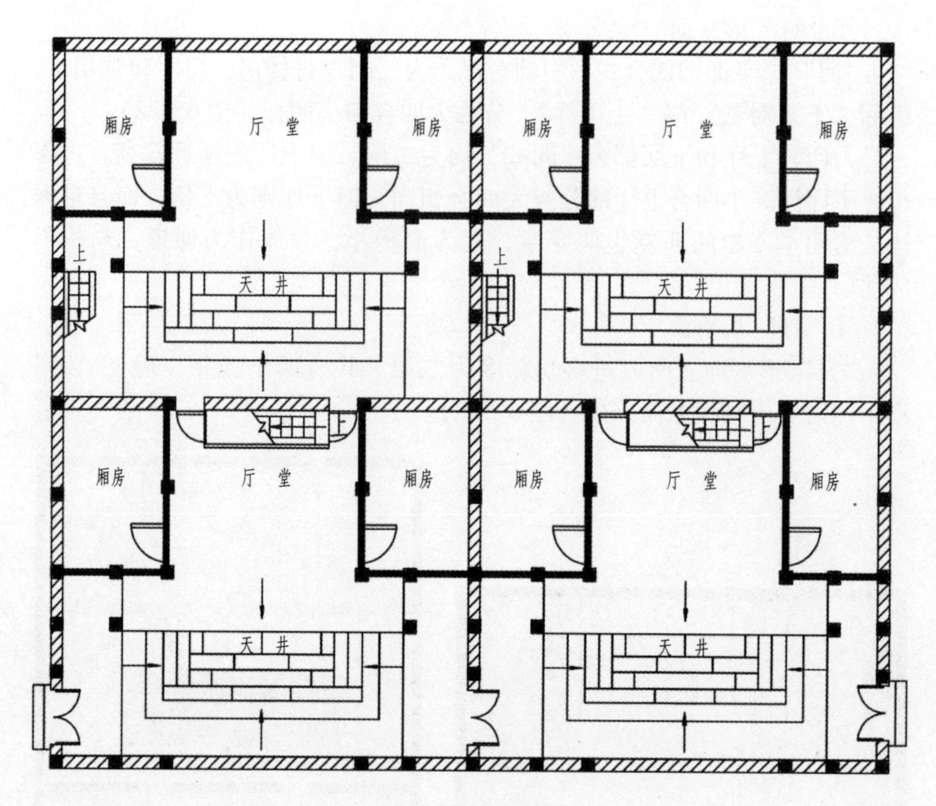

图 6-30　并联型

图片来源：抄绘

② 串联型

居住单元沿着轴线生长。这种组合不利于公共空间的形成，一般在地形条件允许时才使用（图 6-31）。

③ 院落型

通过院落灵活组合，在入口处的院落形成了公共交往的空间，这种组合方式多用于关系较疏远的民居中（图 6-32）。

6.1.3　马头墙

马头墙是徽州建筑的重要标志之一。马头墙原名封火墙，高出屋脊，众多“一”字上下叠落组合，随屋顶斜坡呈阶梯形，形似高昂的马头（图 6-33）。《辞海》对马头墙的定义为“亦称‘叠落山墙’，我国传统建筑中双坡屋顶的山墙形式之一，特点是两侧山墙高出屋面，随屋顶的斜坡而呈阶梯形”。

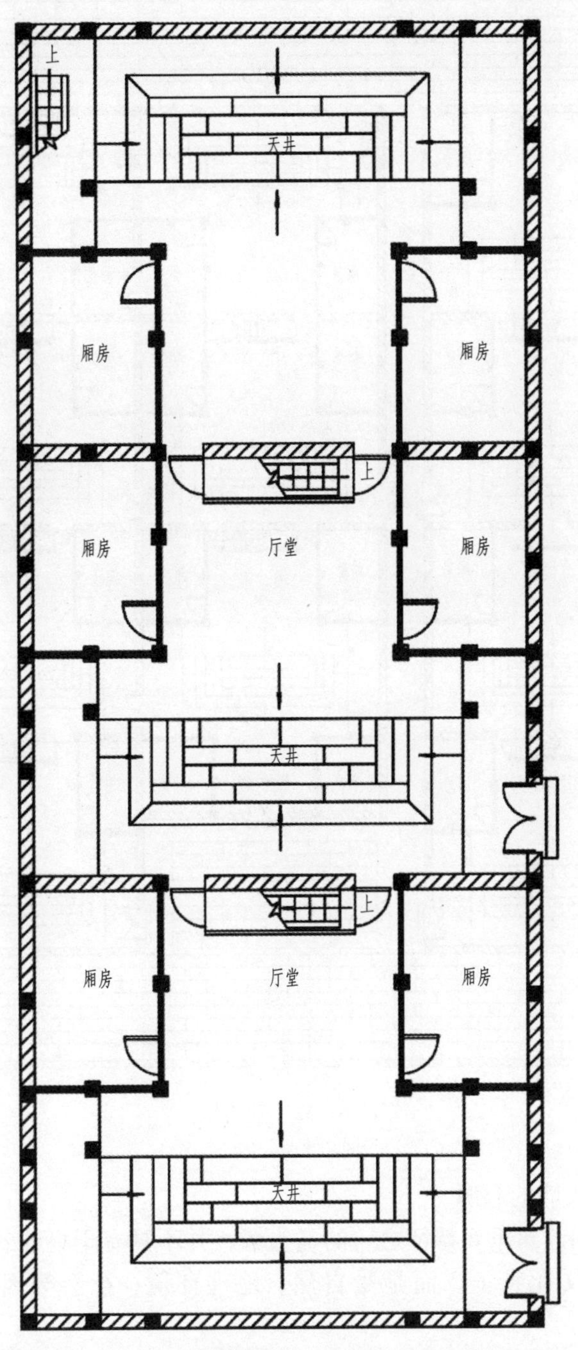

图 6－31　串联型

图片来源：抄绘

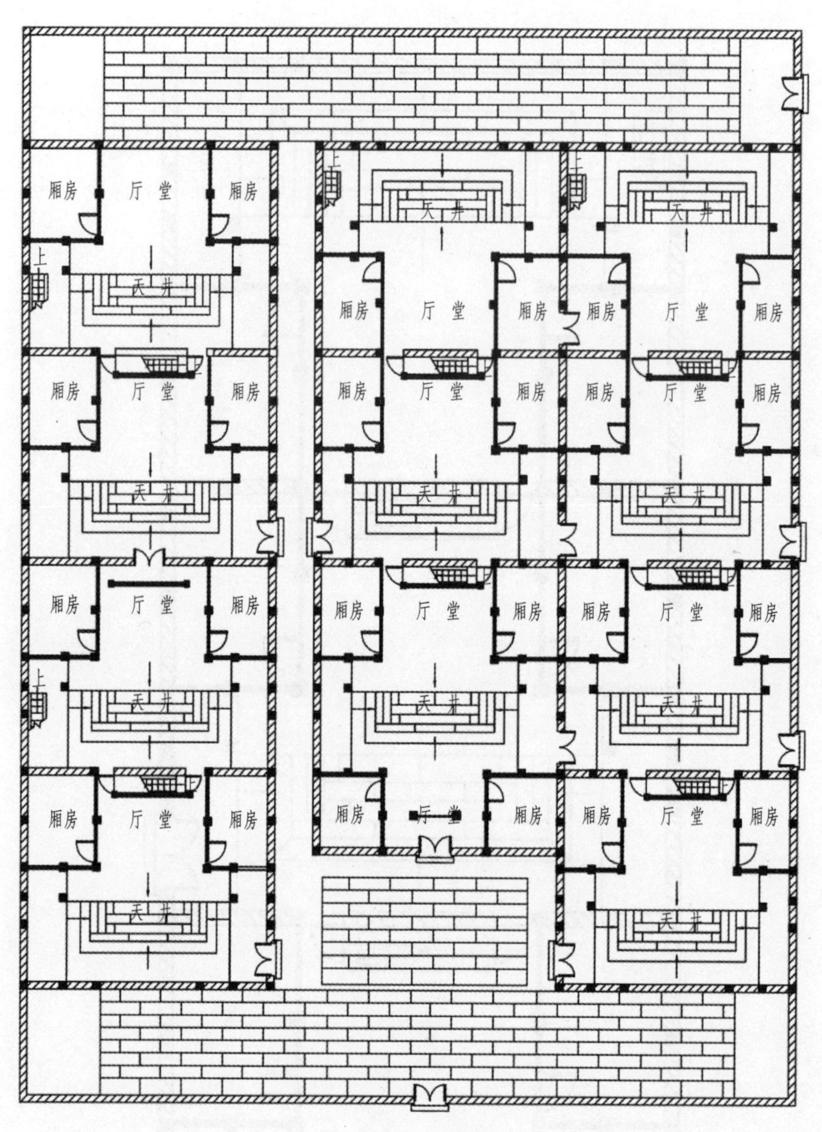

图 6－32　院落型

图片来源：抄绘

(1) 马头墙的起源

作为徽州建筑重要特征之一的马头墙，并不具有干栏建筑和院落式建筑两种建筑文化特征，而是受自然、地理环境、社会等因素影响而产生的。

《徽郡太守何君德政碑记》记载了徽州府太守何歆造墙封火的过程，

图6－33　呈阶梯形、高昂的马头墙

从中可知马头墙的起源。何歆于1503—1508年任徽州府太守，此时徽州人口众多，建筑密集。何歆刚上任就遇到了前几任知府无法解决的频繁火患问题，几经调研，他提出“五家为一伍”，通过修筑高墙隔断火势，使得山墙高于屋面阻碍火势的蔓延。因此，也叫“封火墙”。初建时，高出屋面、简单的墙垣只是用于防火，无寓意、无装饰。由于防火效果显著，最后发展成每家独立建造封火墙。随着时间的推移，徽州能工巧匠不断对原本简单、无装饰的马头墙进行美化，使得马头墙兼具实用价值和艺术感。

（2）马头墙的功能

1）防火功能

从追溯马头墙的起源可知，呈水平阶梯状、高高的马头墙具有稳定性、坚固性，能有力地抵御大风，更为有效的是在邻里发生火灾时能有效阻隔火源，具有防火的功能。

2）防盗功能

马头墙是高高的封闭性墙体（图6－34），墙上基本无窗或窗户很小，因而增加了盗贼入室行窃的难度，起到了防盗作用，保护了居室的财产和村内妇女儿童的人身安全。

3）艺术审美功能

除了以上防风、防盗、防火等实用功能外，马头墙独特的造型和错落

图 6－34　高高封闭的马头墙

有致的排列具有一定的美学价值。

① 平衡、和谐的对称美

徽州古民居的屋面大多是双向的坡顶，马头墙大多两边对称，沉稳又庄严，体现了建筑的平衡、和谐的对称美（图 6－35），符合中国传统建筑的审美要求。

图 6－35　马头墙平衡、和谐的对称美

② 多变的韵律和节奏感

徽州建筑表现韵律和节奏最明显的特征是跌宕起伏的马头墙，纵横交错的马头墙打破封闭高墙的单调性，产生了多变的韵律和节奏感。单栋徽州建筑的马头墙表现了高低错落的连续线，相邻两栋高低不同的徽州建筑组合，马头墙则表现了起伏的线，而单栋多进的徽州建筑的马头墙表现了渐变的线；而不同轴向的徽州建筑组合，马头墙相互交错，韵律更加丰富、层次性更强（图6－36、图6－37）。多变的韵律和节奏感产生的动感，打破徽州传统村落的平静，增添了鲜明的动态美。

图6－36 马头墙多变的韵律和节奏感

图6－37 马头墙多变的韵律和节奏感

4）寓意深厚的象征意义

马头墙在实用功能的基础上，经过徽州匠人的加工设计，将其抽象为类似昂首向前的马头，在增加艺术美感的同时，更富于象征意义。马在中国古代被视为一种吉祥物，快速奔跑，传递信件，做成马头的形状，寄托了徽商常年在外的“思乡”之情。同时，马头墙在座头上的“吻兽”构件被赋予吉祥、辟邪等象征意义，又或者传达某种信念，寄托着徽州古人内心的期许盼望。

(3) 马头墙的类型

马头墙呈现出多檐变化的状态，一般分为一阶、二阶、三阶、四阶、五阶等，亦可称为一叠式、两叠式、三叠式、四叠式、五叠式等（图6-38、图6-39、图6-40、图6-41）。其中较为常见的是三阶、四阶样式，也有些前后厅进深较大的房屋会使用五阶式样，像这种五叠式的马头墙俗

图6-38　二叠式马头墙

图6-39　二叠式、三叠式马头墙

称为“五岳朝天”，五叠式的马头墙雄伟高大、气势威严，反映了屋主显赫的身份和地位。马头墙多檐变化形成的高低错落大多也是水平式的，然而，走南闯北的徽商返乡后，除了带回大量钱财之外，也将南方建筑的特点融入徽州建筑的马头墙里，成为另一道独特的风景（图6－42）。

图6－40　四叠式马头墙

图6－41　五叠式马头墙

马头墙种类分为印斗式马头墙、鹊尾式马头墙和坐吻式马头墙。印斗式马头墙又分为坐斗式马头墙和挑斗式马头墙，具体如下。

图 6-42　独特的马头墙

① 印斗式马头墙

印斗式马头墙墙顶部以一窑烧“卍”，即古文篆字中的“万”印斗为主，或“田”字纹的方斗一样的砖，故名印斗式，印斗下的博风板内往往采用砖雕或绘画的“如意”图案，上下结合起来，喻为万事如意。因印斗托的处理不同，印斗式马头墙分“坐斗式”和“挑斗式”的两种（图 6-43、图 6-44）。

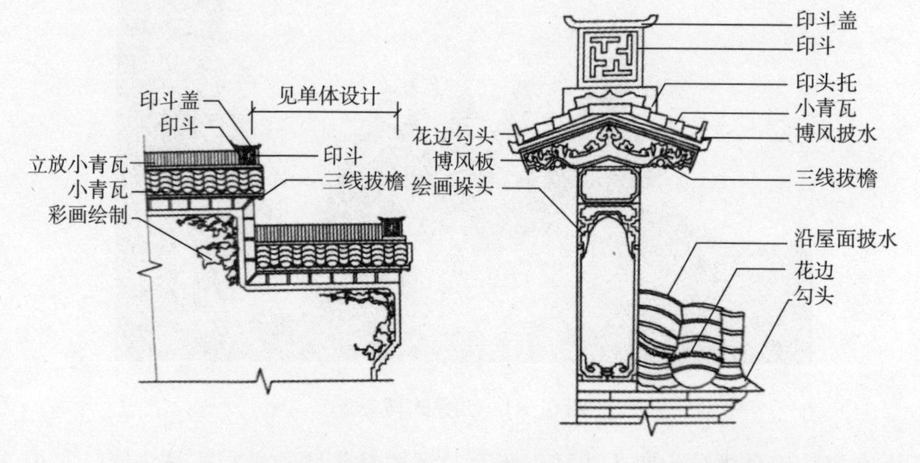

图 6-43　坐斗式马头墙

图片来源：单德启．安徽民居［M］．北京：建筑工业出版社，2015：113.

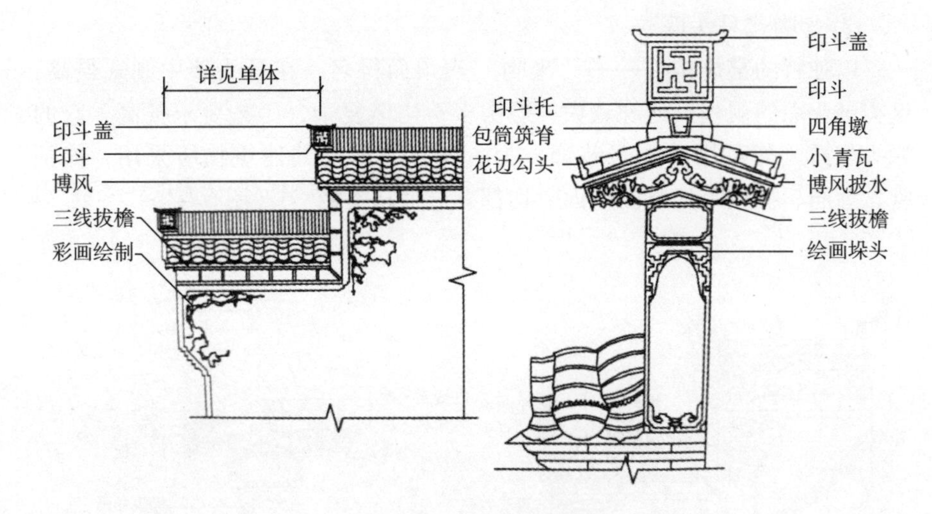

图6-44　挑斗式马头墙

图片来源：单德启．安徽民居［M］．北京：建筑工业出版社，2015：113.

② 鹊尾式马头墙

该墙的搏风顶端以人工雕琢的类似喜鹊尾的砖作构件为主，故而取名“鹊尾式”，构造也稍简单，式样素雅，美观大方，是徽州民居中用得最多的一类（图6-45）。

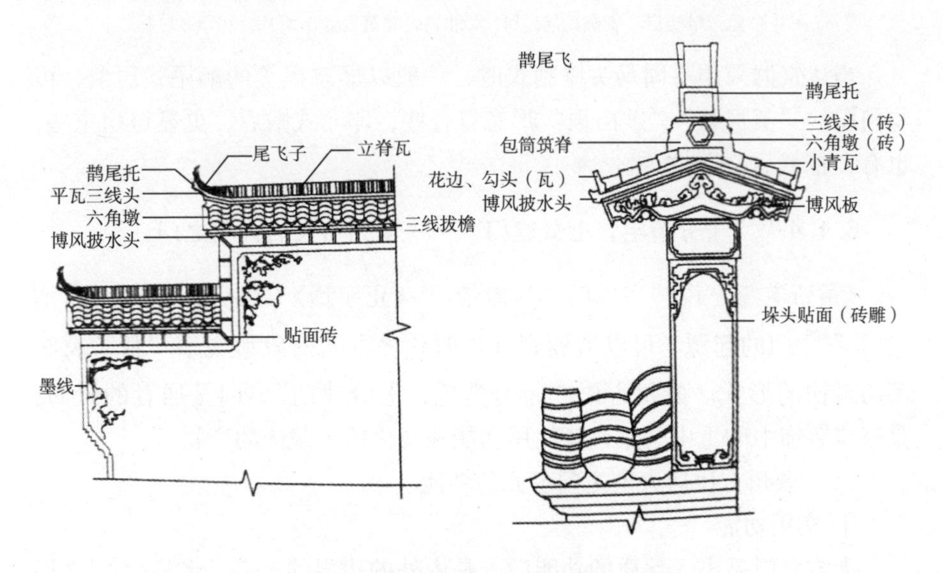

图6-45　鹊尾式马头墙

图片来源：单德启．安徽民居［M］．北京：建筑工业出版社，2015：114.

③ 坐吻式马头墙

以独特的窑烧构件——“坐吻”当顶而得名，在马头墙中制式最高，这类马头墙的规模、气魄较大，层次多，构造复杂，工艺要求甚高，它的垛头与搏风均系用砖雕来装饰，为古代官方和公共建筑物所采用，如祠堂、寺庙、社屋等建筑的屋面上均都有这种马头墙[29]（图6-46）。

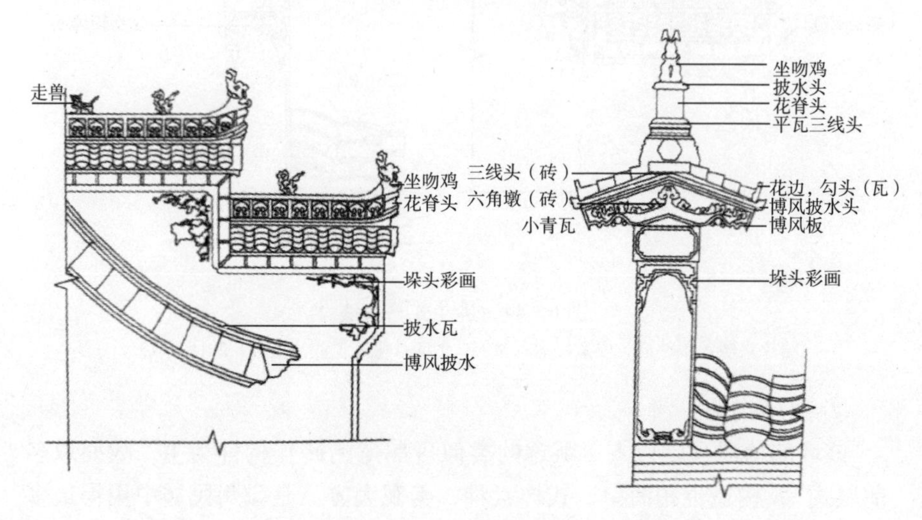

图6-46 坐吻式马头墙

图片来源：单德启．安徽民居［M］．北京：建筑工业出版社，2015：114.

当建筑群采用不同马头墙制式时，一般以形态优美的鹊尾式居前，可与门屋的“五凤楼”“歇山顶”形态符合些，印斗式殿后，更显得稳重些，也有“前武后文”之说。

6.1.4 “十分造宅，七分建门”——徽州古民居大宅之门

《黄帝宅经》说“宅以门户为冠带。”《正字通》曰：“凡物关键所谓之门。”[25]门的起源，可以追溯到远古时代。古老的象形文字“門”反映了门最初的形式。徽州古语“十分造宅，七分建门”，门是居者的脸面，是建筑装饰中的重中之重，是实用功能和文化精神载体的产物。

（1）徽州古民居大宅之门多元的功能

① 实用功能

大宅之门是出入性质的功能门，是内外的边界线。《门铭》：“门之设张，为宅表会。纳善闭邪，击柝妨害。”《释名》：“门，扪也，为扪幕障卫也。”可见，门具有挡风、防卫、防寒的防护功能。

② 屋主身份的象征，反映等级观念，受制度的约束

门楼的型制、门槛的高低、抱鼓石的高矮以及门前的石狮、上马石、旗杆石等只有相应地位的人才能使用。如唐代门屋制度：凡三品以下官员门屋不得过三间五架，五品以下不得过三间两架，六品七品以下不得过一间两架；明清两代则连门上的钉都有等级之分[25]。

门前重要的装饰物象征“非贵即富”的门第等级观念的抱鼓石，其形态和个数体现了屋主的社会等级、身份地位。据载，古时候三品官以下的宅第有两个门当，三品官有四个，二品官六个，一品官八个，皇帝九个，是为九鼎之尊[18]。清代的抱鼓石比明代略为繁复，在鼓面和鼓的侧面往往会雕刻福禄寿喜、双龙戏寿的吉祥图案或狮、鹿、麒麟等瑞兽。

③ 体现了重要的精神符号，寄托屋主的期望

“东南邹鲁”的古徽州，崇尚儒学伦理和风水，为了体现积极的人生态度和寄托对未来美好生活的期望，徽州古人将各种“象征”艺术运用于安门造宅中，达到镇宅避邪、趋吉迎祥的目的，比如将象征仙鹤延年、福寿双全、麒麟送子、牡丹富贵、鲤鱼跳龙门等符号用于大门上。

④ 体现了高超的技艺

徽州古民居外形简洁，门是其重点装饰部位，也是体现徽州高超建筑技艺的重要物质载体。栩栩如生精美的图案、精湛的雕刻技艺和深刻的文化内涵，通过宅门呈现给世人。

（2）徽州古民居大宅之门类型多样

徽州古民居的大门主要有石库门、门墙和门楼三部分组成。石库门由石制门框构成，左右两块条石和上下两块条石构成，上面的条石叫门楣，下面的条石叫门槛。门墙有一字形和八字形之分。徽州古民居的大门因样式或雕刻内容、技艺不同，无一重样，主要有以下几种。

① 字匾门

字匾门是徽州古民居里最常见的一种类型（图6－47），在最显著的地方留有字匾的空间，体现了崇文之风和对文化修养的重视。但通过调研发现，徽州古民居大部分字匾门的空间往往无字匾，而是留下空白的区域。字匾四周有精美的砖雕，砖雕的图案、内容、技艺都体现了居者的身份、财富和社会地位（图6－48）。

字匾门的构件由上至下主要构件为：鱼吻、束腰脊、瓦当、滴水、五路檐线、门簪、浮雕横枋、额、下枋、挂落、辅首、门槛、抱鼓石或石狮（图6－49）。

图 6-47 字匾门

图 6-48 字匾门精美砖雕

图 6-49 字匾门主要构件

② 拱形门

石库门的门楣为拱形，多用于次要入口或旁门。字匾以上，其整体的装饰结构与字匾门极为相似。由于石制门框的上方即门楣采取了弧形，字匾的形态也相应做成了弧形。而徽州古民居多数的拱形门更简洁，取消了字匾上方房檐、横枋、梁柱等装饰性构件，只保留了弧形字匾、门框以供行人出入（图 6-50）。

③ 垂花门

垂花门又称垂莲门，以垂莲柱为标志，月梁和雀替代替了字匾门上的浮雕下枋和挂落，装饰结构大体与字匾门相似。主要是走南闯北的徽商将垂花门的形制与徽州字匾门相结合，针对徽州地区多雨的特点，改变垂花门的木结构特征，采用了砖雕工艺，形成了具有地域特色的垂花门（图6－51）。

图6－50　旁门或次门拱形门

图6－51　垂花门

④ 八字门

在元杂剧《满湘雨》中，寻夫的张翠鸾问："何处是崔甸士的私宅?" 答曰："前面那个八字墙门便是。"[31]说明了崔甸士是秦川县令的身份。以"八"字墙为特征，大门向后退，两侧和外墙形成八字，在徽州地区此门多为权贵、达官贵人的大门（图6－52）。比如：黟县关麓村汪令钟大夫第和黟县西递西园都是八字门。

⑤ 牌楼门

牌楼门指在门洞周边贴附石质牌坊造型，又划分为单间双柱三楼式、三间四柱三楼式、三间四柱五楼式和五间六柱七楼式四种。单间双柱三楼式牌楼门在古民居中尚可寻得，但很少见，比如旌德江村的笃修堂（图7－71）。第三种用于书院等公共建筑，更复杂的三间四柱五楼式和五间六柱

图 6－52　八字门

七楼式主要用于祠堂等建筑。

6.1.5　兼具理性和儒雅的徽州古民居庭院

徽州古民居平面规整，中轴对称，而宅基地受地形、道路等影响，多为不规则，因此，徽州古人充分利用方整之外的不规则土地，因地制宜，积极打造各具特色的“徽州庭院”（图 6－53、图 6－54）。其属于江南园林的一部分，又表现明显的徽州地域特征。在程朱理学的教化下，庭院布局追求理性、简单，景中有景，追求意境，有较浓的文化气息。

图6－53　徽州庭院

图6－54　徽州庭院

（1）庭院构成要素

① 围合要素

主要包括单体建筑、院墙、门等。院墙与建筑相结合，除了界定庭院的形状、大小，还有分隔空间的作用，隔断内外的联系，具有较强的封闭性。但常在院墙上设置漏窗，隔而不断，若隐若现。门在整个空间序列中担负着引导的作用。

② 景观要素

主要包括植物、山石、水体、铺装、小品等。徽州庭院面积一般不大，多会栽植花木，改善庭院的生态环境。常采用孤植、丛植、对植、花池等打造不同的庭院景观；山石一般在庭院中具有吸引视线、划分空间、增加空间层次等作用；水体在庭院中除了具有改善小气候等功能，还具有划分空间和较强的景观效果；铺地作为庭院的底界面，多采用青砖、条石、卵石、碎石、碎瓦等当地易获得的材料，铺装材料的选择、方式、图案具有引导视线的作用，大多取直线，图案整齐，也有拼成富有寓意的图案，譬如代表吉祥寓意的钱币图案，或“瓶（平）升三戟（级）”等常见的图案；亭、台、桥、石凳、石桌等在满足使用功能的同时，可增加空间的层次和景观效果。

(2) 庭院分类

① 前院——进入主宅居前的庭院

前院主要位于进入主宅居前的庭院，比如朱旺村绍兴堂和垂裕堂的庭院。这类最负盛名、绝妙的为西递西园（图6－55）。

图6－55　西园大门

西递西园庭院有前、中和后三部分组成，最大特点是独立又相互联系的三部分在宅前呈一字横向排列。前部（图6－56、图6－57）设有石桌、石凳、石井、鱼缸、花卉盆景，石条上陈放着西递村当时的村碑，刻有“西递”两字，整体尺度、比例宜人，在通往中部的门洞上有砖雕门匾，刻有“西递”两字，增添了书香气味。中部为家人的室外活动场地（图6－58），中部宅居大门两侧墙上的“松石图”和“竹梅图”两个石雕漏窗，显得高雅别致。后部为杂物小院（图6－59）。整个院落规模不大，三部分通过墙体进行空间的界定和分隔，又通过墙体上的漏窗进行空间的渗透和延伸，精心布置，使得景中有景，追求意境（图6－60、图6－61）。

图6－56　西园前院

图6－57　西园前院

图 6－58　西园中院

图 6－59　西园后院

图 6－60　西园空间的分隔与渗透

图 6-61　西园空间的分隔与渗透

② 内院——后院或侧院

利用不规则宅基地，在宅居的后面或侧面修建内院。比如：黟县横沟弦程宅的内院，是方整平面外的连接后面的侧院。它的特色是盆景组合构成了宅院的主题，盆景组合是以“黟县青”石条案为架，上置形态各异、品种多样的花卉盆景。

③ 水院

庭院之中有水，与宅外的溪流或水圳相通，引水入院，常年清泉长流。比如宏村承志堂鱼塘厅和宏村碧园水榭，前者利用三角空间，挖一水池与屋外水圳相连通，并于天井、厅堂相结合，设置“美人靠”长椅，凭栏观鱼、观景。宏村的碧园水榭引山泉到燕怡堂的门前，挖塘并设美人靠栏杆，襟带环绕，灵巧别致。

6.1.6　案例分析——承志堂

宏村承志堂是典型的徽州古民居的代表，享有“民间故宫”的美誉。承志堂位于宏村西北处（图 6-62），北依雷岗山，为清末盐商汪定贵于 1855 年建造的宅邸，砖木建筑结构，内部砖木石三雕俱全，尤其是木雕，璀璨夺目，令人叹为观止。

图 6-62　承志堂在宏村的位置

图片来源，利用卫星图绘制

承志堂占地面积2100平方米，建筑面积3000平方米，大小房间有60多间，136根木柱，9个天井，而且保存完整。包括外院、内院、正厅、后厅、东西厢房、经堂、书房、鱼塘厅、轿廊、厨房、马厩等，还包括具有娱乐功能如打麻将的排山厅、吸食鸦片的吞云轩以及管家、佣人、保镖使用的服务用房等（图6－63）。功能齐全，看似繁杂，却井然有序，体现了内外、主次和尊卑。主体建筑由正厅、后厅、东西厢房组成，整体布局为传统的徽州古民居典型布局形式，平面规整，中轴对称，中间为堂，左右为厢房，体现了礼制和秩序；而辅助建筑根据地形的变化，因地制宜，形状不规则，如鱼塘厅（图6－64、图6－65）。

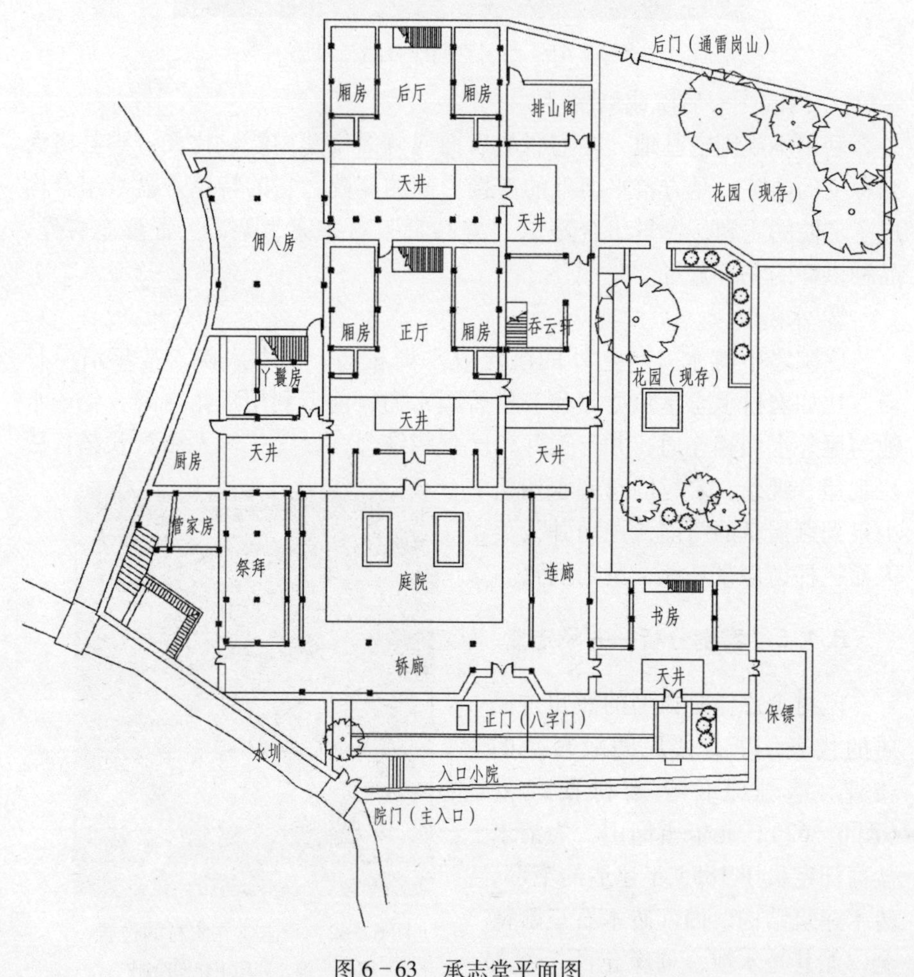

图6－63　承志堂平面图

图片来源：抄绘

图 6－64　鱼塘厅

图 6－65　鱼塘厅“喜鹊登梅”石雕窗

承志堂利用宅基地的不规则，在宅居的前面设置了外院，外院的大门从风水角度考虑与道路形成一定的角度，经过外院（图 6－66），是承志堂的八字门（图 6－67），经过八字门后为内院，并通过回廊连接各部分。穿过内院，便为正厅、后厅、东西厢房的主体建筑，中间有一扇垂花门（图 6－68），正厅也称福厅（图 6－69、图 6－70），正厅设了一道仪门，一般

图6－66 承志堂外院

只在达官贵人来临时或重大喜庆日子才开，平时和普通客人从两侧的边门入内。仪门上方刻有“福”字和“百子闹元宵”，“百子闹元宵”木雕刻全长240厘米，高36厘米，描述了百子吹喇叭、踩高跷、放鞭炮、划旱船等庆祝传统佳节元宵节，人物栩栩如生，生动形象。仪门两侧“商”字门头精雕细刻了“三英战吕布”等三国故事（图6－71）。在福厅的梁枋上刻有一副“唐肃宗宴官图”（图6－72），场面壮观，神态逼真。天井处倒挂雄狮戏球牛腿，采用圆雕手法，造型生动饱满，体感强烈，形态颇有意趣。天井檐下“渔”“樵”“耕”“读”撑拱为镂空雕与浮雕混用手法，人物皆为一老一幼，神态可掬，两侧厢房双扇莲花门，皆是徽州木雕中的精品（图6－73、图6－74）。后厅也称高堂（图6－75），为长辈居住处，梁枋上雕有“郭子仪上寿图”（图6－76），人物神情惟妙惟肖，反映徽州尊崇孝道。

图 6－67　承志堂八字门

图 6－68　承志堂垂花门

图 6－69　福厅

图 6－70　福厅

图 6－71　“商”字门头

图 6－72　“唐肃宗宴官”图

图 6－73　莲花门

图 6－74　莲花门

图6－75　高堂

图6－76　“郭子仪上寿”图

6.2　徽州古牌坊空间布局

6.2.1　牌坊的起源和发展

牌坊又称牌楼，各地的牌坊虽然结构、形制和装饰有差异，但柱子和横梁是构成牌坊的基本要素。

关于牌坊起源，有说起源于汉代，有说始建于唐代，还有说牌坊起于宋而盛于清，而更多学者根据衡门推断牌坊的起源可以追溯到春秋中叶。关于牌坊起源问题，涉及衡门、华表、门阙、乌头门（棂星门）、坊门等多种建筑形制，比如著名建筑学家梁思成“连阙说”，刘敦桢的“坊门说”，李允钰则认为是从华表演变而来。

“衡门”说。认为牌坊的起源可以追溯到春秋中叶，因为《诗经》中有最早关于“衡门”的记载：“衡门之下，可以栖迟。”“衡门”即为两根柱子上架一根横梁，是最简单、最原始的门，在古代，“衡”通“横”，也称“横门”（图6－77）。这种最简单的“衡门”具备牌坊的基本要素，从结构方面来说，是牌坊的雏形。

图6－77　古代衡门示意图

图片来源：楼庆西．中国小品建筑十讲［M］．北京：新知三联书院，2004：4.

刘敦桢的“坊门说”。他在《牌坊算例》将“坊”字作为线索，认为牌坊与此字“关系最切”，坊门是牌坊的雏形。里坊是中国古代城市的基本居民单元，从春秋战国至唐代，都采用这种制度，隋代称为“里”，唐代称为“坊”，坊墙中央设门，便是“坊门”。“坊”有“防”之意，实行宵禁和严格的封闭管理，通过门的隔离来防止犯罪。另一用途是旌表诏告之用，所谓士有“嘉德懿行，特旨旌表，榜于门上者，谓之表闾”。这就具备了牌坊旌表的主要职能。

坊门最初形制两边的望柱上架横梁构成门框，中间是门扇，与衡门相仿；随后，坊门加入各种装饰，形式日趋华丽，两边的立柱逐渐被雕刻华丽的华表柱所取代，柱头用水生植物乌头装饰，称为“乌头门”（图6－78）。宋代《营造法式》详细描画了其制作规定：“其名有三，一曰乌头大门，二曰表揭，三曰阀阅，今呼为棂星门。”宋以后，乌头门名称日渐少用，而被棂星门取代。棂星门起标识的作用，常作为寺院、文庙、陵墓的正门，一般不装门扇，从而产生了由华表柱和横梁构成的冲天牌坊。另一些坊门吸纳了古代“阙”的特点，在柱顶上加盖了楼顶，就成为屋宇式牌楼。梁思成以敦煌北魏诸窟中的阙形壁龛为论据，提出北魏时期的连阙——两阙间架有屋檐的阙（图 6－79），是阙演变为牌楼的过渡样式，“连阙之发展，就成为后世的牌楼”。梁先生还提出“牌坊为明清两代特有之装饰建筑，盖自汉代之阙，六朝之标，唐宋之乌头门棂星门演变成型者也”。到了明清时期，牌坊的发展走向成熟。

誉有“牌坊之乡”美称的徽州，古牌坊、古民居、古祠堂，被称为是徽州古建筑的“三绝”。矗立于徽州传统村落间的古牌坊巍峨壮观，平面布局简单，立面造型和雕刻装饰却很丰富、精湛。

图 6－78　宋《营造法式》中的乌头门

图片来源：李诫．营造法式［M］．北京：人民出版社，2010：95-96.

图 6－79　敦煌莫高窟北朝壁画中的门、阙

图片来源：李允鉌．华夏意匠：中国古典建筑设计原理分析 1［M］．天津：天津大学出版社，2005：65.

6.2.2　徽州古牌坊的类型

（1）按建筑形式分

① 冲天柱式

冲天柱式牌坊即牌坊柱穿檐出头。清代的石牌坊主要以冲天柱式居多，比如：棠樾牌坊群中的四座清代牌坊“鲍文龄妻节孝坊”“鲍淑芳父子义行坊”“鲍文渊妻节孝坊”“鲍逢昌孝子坊”均为冲天柱式。以三间四柱三楼、单间双柱三楼居多。三间四柱三楼指四根柱组成的三开间，中间为明间，左右为次间，坊柱上部坊檐形成两层三段檐，比如鲍文龄妻节孝坊、鲍淑芳父子义行坊、鲍文渊妻节孝坊、鲍逢昌孝子坊（图 6－80）；单间双柱三楼是指两根柱组成的单开间，坊柱上部坊檐形成两层三段檐，比如：许村的程氏节孝坊（图 6－81）。除此，也有单间双柱无楼和单间双

图 6－80　棠樾鲍文龄妻节孝坊

柱一楼的形制。

② 屋宇式

屋宇式牌坊即牌坊柱不出头，置于檐部之下。清代以前的牌坊以这种方式居多，比如：棠樾牌坊群中的两座明代牌坊“鲍灿孝子坊”和“慈孝里坊”都属于屋宇式，也分为三间四柱五楼、三间四柱三楼和单间双柱三楼。西递明代的胡文光刺史牌坊属于屋宇式，三间四柱五楼（图6－82）；鲍灿孝子坊和慈孝里坊属于屋宇式，三间四柱三楼（图6－83）；旌德江村的世科坊属于屋宇式，单间双柱三楼（图6－84）。

图6－81　许村程氏节孝坊

图6－82　西递胡文光刺史牌坊

图 6－83　棠樾鲍灿孝子坊

图 6－84　江村世科坊

（2）按精神功能分

深受中国封建社会伦理思想的教化和渗透，历代的统治者修建体现宗法制度的礼制建筑以宣扬儒家的“仁”“礼”思想。作为“程朱理学”发源地的徽州，以儒学的伦理道德为核心，维护封建伦理制度，体现“忠、孝、节、义”古牌坊建筑遍布徽州，数量众多。按精神功能分为以下几种类型。

① 忠义牌坊

忠坊多旌表清正廉洁、气节高尚的忠烈之臣和舍己救人、义无反顾勇赴国难的英雄。“义”在古代被视为立身处世的根本，因此，礼仪之邦的中国历来提倡和宣扬做仁义之事，行慈善之举，通过立义坊以旌表在仁义慈善作出特殊贡献的人。

② 节孝牌坊

“三从四德”“夫为妻纲”“从一而终”是封建礼教要求妇女遵从的封建道德标准，徽州妇女深受封建礼教思想的教化，信奉“饿死事小，失节事大”，在家庭中表现对丈夫的绝对服从和忠贞守节。贞节牌坊主要用于旌表“贞妇”“节女”，在徽州，此类牌坊数量最多。

“百善孝为先”，孝道是中国的传统美德，作为“朱子桑梓之邦”的徽州，更重视孝道的宣扬。孝子坊在徽州数量同样不少。

③ 功德牌坊

功德牌坊多为封建帝王恩赐臣属，或者褒奖德行出众子民，或者树立效学榜样的牌坊。此类牌坊最有代表性的是位于歙县县城的许国牌坊（图6－94）。

④ 科举牌坊

自隋唐建立科举制度后，通过科举考试，谋取功名，荣登仕途成为古代读书人一生的追求和理想，“学而优则仕”，金榜题名不仅关乎个人命运和前途，更是家族的荣耀，因此，就诞生了以标榜和炫耀为目的的科举坊。

（3）按建筑材料分

① 木牌坊

木牌坊是指用木材建造的，榫卯结构，由木柱、额枋、斗拱和檐顶组成。由于徽州多雨潮湿，木牌坊出挑部位较多，檐顶整体较大。木牌坊具有取材制作和加工方便的优点，但长期日晒雨淋，很难保存，因此，木牌坊现存极少，现有歙县昌溪的木牌坊（员公支祠坊）（图6－85）。

② 石牌坊

以石材为主要建造材料，分为冲天柱式和屋宇式牌坊，现存牌坊主要

图 6－85　昌溪木牌坊

为此类，形式多样。与木牌坊相比，石牌坊的檐顶较小，出挑也少些，基座主要用抱鼓石夹住立柱，而不用戗柱来支撑。石牌坊石雕内容丰富，技艺精湛，寓义深远。

（4）按功能性质分

① 大门式牌坊

大门式牌坊指府宅、寺庙、宗祠等大门门面，牌坊都装有门扇，与整个建筑融于一体，具有标识、装饰和旌表的作用。此类牌坊在徽州并不多，歙县城关斗山街的叶氏木门坊，既是大门式牌坊，也是一座贞节牌坊。

② 标志性牌坊

标志性牌坊主要起标识地点、分隔空间、引导行人的作用，主要位于祠堂、衙门等重要公共建筑前，或主要街巷的关键节点、广场等位置。比如：黟县西递的胡文光刺史牌坊、徽州区呈坎镇灵山翰苑坊立于村口（图 6－86），具有空间的分隔和引导行人的作用。徽州区潜口镇金紫祠坊、旌德江村的进士第坊位于祠堂广场前、绩溪县家朋乡坎头村许氏宗祠前的节妇石坊（图 6－87），都起着标志的作用，也属于此类。

③ 纪念性牌坊

纪念性牌坊主要是为了纪念历史事件或历史人物，或对先祖寄托感恩之心，内容大多宣扬忠、孝、节、义。比如歙县的许国牌坊是为了宣扬许家的为国尽忠；徽州区岩寺镇洪坑的世科坊是为了纪念洪氏历代中试者；徽州区岩寺镇石岗的汪氏宗祠坊是为了纪念汪华；歙县徽城镇歙县中学的三元坊是为了纪念歙县历代中试者等（图6－88）。

图6－86　灵山翰苑坊

图6－87　坎头村许氏宗祠前的节妇石坊

图6－88　徽城镇歙县中学三元坊

（5）按使用场所分

① 街道巷口牌坊

位于街道巷口牌坊能分隔空间、丰富街巷的空间层次性，常建造在街道入口、道路交汇口、节点、桥头等交通枢纽处，比如歙县许国牌坊位于中和街和新南街的交汇处；歙县的炙绣重光坊立于大北街与斗山街交汇处等。

② 祠堂寺庙牌坊

徽州人尊祖敬宗、聚族而居，祠堂主要用来祭祀先祖、处理重大事务和活动等，是封建宗法制度的载体，在整个村落中占据重要位置，祠堂前用地开阔，形成平坦的广场，在祠堂前广场上，会设置礼制建筑牌坊，表达对贤士、忠烈人士的崇敬，更好宣扬封建的宗法制度。比如：旌德县江村江氏宗祠的进士第坊（图6－89）；歙县郑村忠烈祠前的忠烈祠坊、直秘阁坊和司农卿坊三座牌坊。其中忠烈祠坊纪念汪华，直秘阁坊纪念汪若海，司农卿坊纪念汪叔詹。

③ 宅第牌坊

宅第牌坊是指宅第用牌坊来做门面，牌坊与宅第连接在一起。比如旌德江村的笃修堂宅第牌坊，歙县许村高阳村的明代四柱五楼的大郡伯第门坊，其宽9.6米，高8.6米，为义士许伯升而立，中间开口作为住宅出入

图 6-89　江村江氏宗祠进士第坊

口，又称“种福厅”，后成为支祠，现已拆除，只剩门坊和局部围墙（图6-90）。

④ 书院牌坊

书院是中国封建社会特有的教育组织机构和宣扬中国传统文化的重要场所，书院门前或院里常会树立牌坊。比如现位于歙县中学内的古紫阳书院，作为宣扬朱熹理学思想的重要场所，书院前设有古紫阳书院坊，单间

图 6-90　许村高阳村大郡伯第门坊

双柱，冲天柱式，清乾隆年间户部尚书曹文埴题写坊额“古紫阳书院”（图6－91）。

图6－91　歙县中学内的古紫阳书院坊

⑤ 陵墓牌坊

陵墓牌坊是指位于陵墓前具有纪念性和标志性作用，也给后人表达缅怀之意。在古代，从帝王到普通老百姓都注重陵墓的选址和建设，相信此关系家族的兴衰，遵循风水思想，在造陵墓中心主轴线上建立牌坊，渲染庄严和肃穆的气氛，并丰富空间的层次性。比如：绩溪县林溪镇石榴村建于明代的单间双柱胡淳墓道坊（图6－92）；绩溪县瀛洲乡仁里村的药公墓道坊；歙县雄村清代的鲍公墓道坊和王村镇王村清代的王公墓道坊等。

图6－92　林溪镇石榴村胡淳墓道坊

6.2.3 徽州古牌坊建筑的布局

（1）徽州单体牌坊的布局形式

徽州牌坊根据立柱的数量和形式布局不同，可分为“一”字形、“口”字形，多“口”字形三种布局形式。

在现存徽州牌坊中，“一”字形最多，此类牌坊的立柱都在同一水平线上，一般为二柱、四柱。

“口”字形指牌坊的立柱不在同一水平线上，形成四柱四面的正方形内部空间，形成了空间的立体感。比如：歙县富堨镇丰口村明代的台宪坊为四柱“口”平面（图6－93）。

图6－93　富堨镇中心口村台宪坊

多“口”字形牌坊在徽州很少见，现存的仅有一座，歙县许国牌坊有八根立柱，形成四面三个口字形牌坊（图6－94）

图6－94　许国牌坊

（2）徽州牌坊群的布局形式

① 纵向排列

两座及以上的牌坊沿纵向轴线排列。比如安徽歙县棠樾牌坊群，位于棠樾村村口的7座牌坊按“忠、孝、节、义”的顺序相向排列，呈一条纵向轴线关系，进行空间的引导、组织，空前绝后，举世无双（图6－95）。

图6－95　棠樾牌坊群

② 横向排列

横向排列是指三座或三座以上牌坊在同一条横向轴线上呈线性排列，一般中间的牌坊会比左右两座牌坊高大、雕刻也更加精美，通过规模、装饰物和对比突出中间牌坊。比如：歙县郑村忠烈祠前的三座牌坊，忠烈祠坊、直秘阁坊和司农卿坊组合成一字线的横向排列（图6－96）。

图6－96　郑村忠烈祠前的三座牌坊

③“T”字形组合

一般位于“T”字形街口，三座牌坊各踞一路口，取“品”字形之势，如婺源县甲路村“T”字形路口的三座石坊[40]（图6－97）。

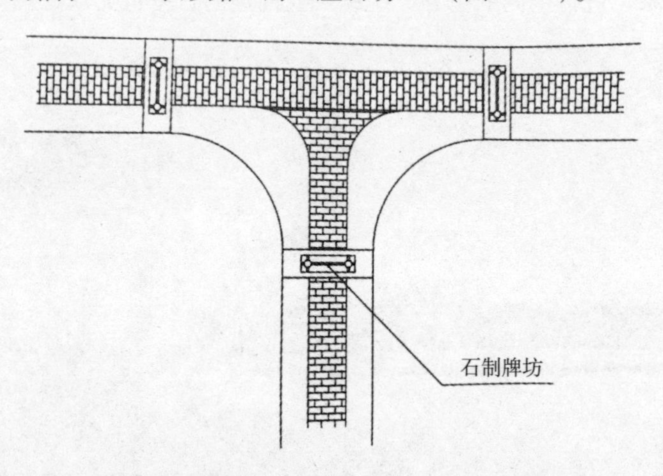

图6－97　甲路村“T”字形路口的三座石坊

图片来源：刘仁义，金乃玲．徽州传统建筑特征图说［M］．北京：中国建筑工业出版社，2015：88.

6.2.4 徽州古牌坊的主要构件

徽州牌坊大多为石牌坊，以立柱、夹柱石、横梁、额坊、楼等为主构件，还有雀替、题字牌、花板、斗拱、龙凤牌、吻兽等辅构件。

（1）夹柱石

牌坊的夹柱石在立柱的最底部，位于其前后位置，起着支撑的作用。夹柱石形式多样，主要分为以下三种：有的被装饰为优美简单的曲线形或卷云形，其上刻有月盘、形状似象鼻状的卷云，被称为“日月卷象鼻格浆腿”；有的曲线与圆形结合形成“抱鼓石”；还有的雕为石狮状（图6－98至图6－100）。

图6－98　夹柱石

图6－99　夹柱石

图6－100　夹柱石

夹柱石不仅使牌坊更加稳固，其丰富的形式变化增加了牌坊的可观赏性和宏伟的气势。在同一座牌坊中，夹柱石的使用也常有不同，三间以上的牌坊，主间和左右次间夹柱石的形式会有所不同，增加牌坊的观赏性、艺术性。譬如：西递胡文光刺史牌坊主间的夹柱石雕为石狮状，呈现向前方俯冲状，次间夹柱石则是卷云状的“日月卷象鼻格浆腿”（图6－101至图6－103）。绩溪龙川都宪坊主间的夹柱石雕为石狮状，次间夹柱石则是“抱鼓石”。

（2）立柱与额枋

立柱在牌坊中起支撑和承重作用，立柱有方形、方形打磨掉四个直角形成的八角形和圆形，前两者立柱形状多见于石牌坊，圆形多用于木牌坊。抹角形式的八角柱常见于明朝，清朝时期则很少见抹角的柱子，基本为方柱，结构简洁，偶尔饰以简单的纹样，无过多、繁杂的雕饰，朴素大方（图6－104、图6－105）。

图 6－101　胡文光刺史牌坊夹柱石

图 6－102　胡文光刺史牌坊夹柱石

图 6－103　胡文光刺史牌坊夹柱石

图6-104　西递胡文光刺史牌坊八角柱

图6-105　江村父子坊八角柱

额枋是将牌坊的立柱连接成的横梁，早期的额枋基本为矩形式（图6-106），明末清初时，额枋开始出现了月梁形式，梁身向下弯，梁略微拱起，俗称“冬瓜梁”（图6-107）。

图6-106　矩形额坊

（3）雀替

雀替位于梁坊的下部与立柱连接交叉的部位，在牌坊建筑中起到加固和装饰的作用。结构小巧，线形优美，雕刻精细，整体美观（图6－108）。

图6－107　“冬瓜梁”额坊

图6－108　西递胡文光刺史牌坊额坊和雀替

（4）匾额

上下额枋中间有匾额，即为题字牌，镌刻牌坊的名称、为什么建造、为谁建造以及建造者的身份等内容，根据牌坊的大小和形制，题字有一层，也有多层字板的牌坊，而字体则是集雕刻艺术和书法艺术于一体。檐顶下的龙凤牌常有“御制”“恩荣”“圣旨”“敕建”字样。譬如：歙县棠樾“鲍文龄妻节孝坊”，龙凤牌刻的显赫的“敕建”，上题“矢贞全孝”，下题“旌表故民鲍文龄妻汪氏节孝”；西递胡文光刺史石牌坊龙凤牌题“恩荣”，上坊东面题“荆藩首相”，西面为“胶州刺史”，下坊均题“登嘉靖乙卯科朝列大夫胡文光”（图6－109至图6－111）；许村的“冰寒玉洁坊”，上面东面题“冰寒玉洁”，下字板题“旌表故儒童许可矶之妻程氏节孝”，可见是节孝坊。

图6－109　西递胡文光刺史牌坊龙凤牌

图6－110　西递胡文光刺史牌坊匾额

图6－111　西递胡文光刺史牌坊匾额

（5）花板

位于主楼匾额的两旁，有实板，也有雕刻成镂空板，丰富了牌坊的立面，增强了装饰效果。

除此，还有斗拱、楼与吻兽。额坊的上部即为楼，有屋顶，有庑殿式、悬山式和歇山式，有的屋顶上会有吻兽作装饰，如江村父子进士坊和西递的胡文光刺史牌坊（图6－112）。

图6-112　江村父子进士坊斗拱、楼与吻兽

6.3　徽州古祠堂空间布局

6.3.1　徽州古祠堂的类型

“君子营建宫室，宗庙为先，诚以祖宗发源之地，支派皆源于兹。”徽州人重视宗祠的营建，祠堂在村落中的布局主要位于村首或村中，村首即边缘型，位于水口或者其附近，属于村庄重点建设的区域，具体如下。

（1）按在村落中的位置进行划分

① 边缘型

祠堂位于村落的边缘，祠堂的建设晚于村落，随着家族兴盛，才开始修建祠堂。比如呈坎的罗东舒祠（图6-113）、棠樾的鲍氏支祠敦本堂。

② 村中型

祠堂位于村落的中心，此类型在徽州最常见，徽州聚族而居，以祠堂为核心，随着人口的增加，围绕祠堂向外延伸，祠堂处于村落的中心，四周被古民居建筑包围。比如宏村的汪氏宗祠（图6-114、图6-115），江村的江氏宗祠。

图 6－113　呈坎罗东舒祠在村落中的位置

图片来源：利用卫星图绘制

图 6－114　宏村汪氏宗祠在村落中的位置

图片来源：利用卫星图绘制

图 6-115　宏村汪氏宗祠

③ 村外型

徽州人口稠密，用地紧张，祠堂建于村外，在徽州并不多见。歙县唐模的许氏宗祠属于此类。

（2）按功能对象进行划分

① 氏族宗祠

徽州村落以血缘为纽带，聚族而居，同姓同族人居住在一起，比如呈坎的罗姓、西递的胡姓、棠樾的鲍姓、屏山的舒姓，形成宗祠、支祠和家祠完整的祠堂系统，每个村落有一个宗祠，而支祠和家祠的数量没有限定。宗祠处于村落的重要位置，主要祭祀对象是同宗的始祖，建筑用材硕大，装饰精美，等级最高；其次是支祠，祭祀同族的先祖；而家祠可不单独建造，祭祀家族的先人。

② 先哲祠

主要是祭祀古代的圣哲之人，比如西递七哲祠（图 6-116）。

③ 女祠

三纲五常决定了男女之间的不平等，女人地位低下。徽州宗族规定男女不同座，妇女不准进入祠堂，即使是为祖宗烧香年龄未满 50 岁的女子不准干预宗族大事，在有生之年女子只有在一种特殊的情况下方可以进入祠堂，即新娘嫁到外族时，须到自家祠堂拜别，到新郎家后第三日进男方家宗祠祭拜认新祖，除此不得入内。

徽州女祠的诞生，学者们一般认为是封建社会政治松散化倾向的产物，又是徽商兴盛的结果。它既是祭祀性空间，又是教化性和等级性空间，包含着对女性更深的禁锢和束缚。棠樾鲍氏女祠清懿堂（图6－117）、歙县潭渡黄氏宗族“黄氏享妣专祠”都属于女祠。

6.3.2　徽州古祠堂的空间布局

祠堂是村落中规模最大的公共性建筑，平面布局较固定（图6－118），纵向长度远远大于横向，近似矩形，门屋、享堂、寝堂是祠堂的三大主体空间，中轴对称，空间沿着纵轴线依次展开，寝殿最高，享堂次之，门屋最低，形成门坦—门屋—天井—享堂—天井—寝堂的空间序列。

图6－116　西递七哲祠

图6－117　棠樾鲍氏女祠清懿堂

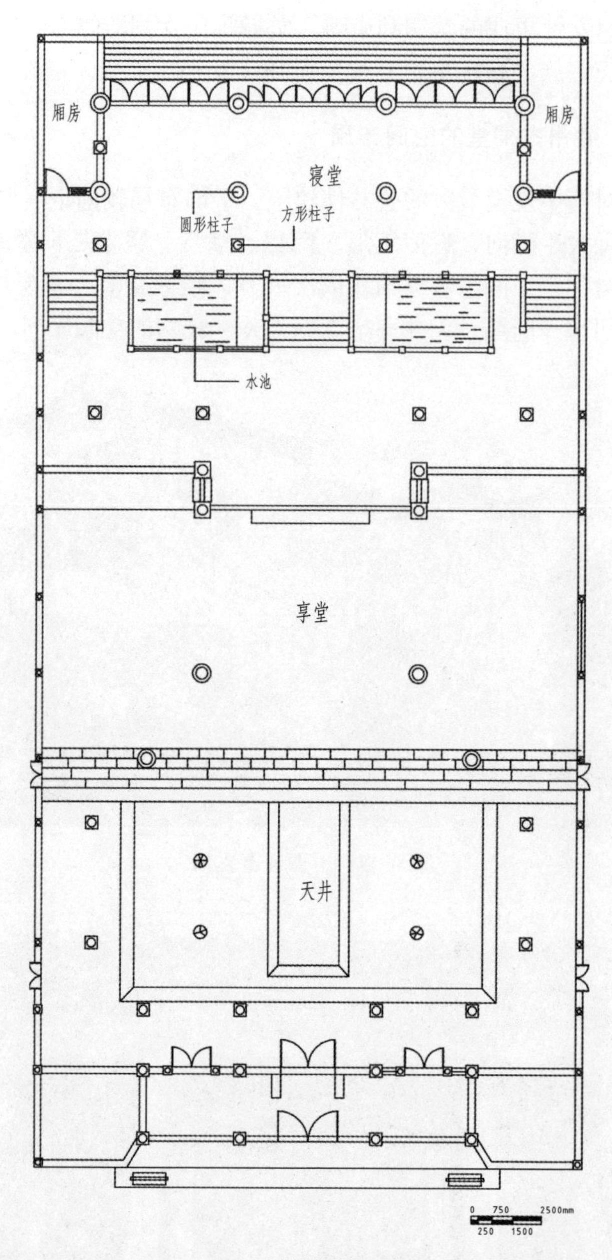

图 6－118　江村浦公祠一层平面图

（1）门坦空间

门坦即祠堂外的前广场，是祠堂空间序列的起点，一般为长方形。门坦是族人聚集和举行公共活动的重要场所。徽州祠堂的门坦一般由照壁、泮池、拴马柱、旗杆、下马石、牌坊等组成（图 6－119），并不是所有祠堂前都有这些，比如屏山祠堂舍去泮池，还舍去了照壁的装饰性功能，以周边民居的山墙代之。

图 6－119　江村江氏宗祠前的门坦空间

（2）门屋空间

门屋，也称“下厅”，面积最小，是进入祠堂的第一层室内空间。门屋与天井相连，对外封闭，不开窗，看守、传达等功能都设在门屋中。

（3）天井

徽州祠堂中每两进之间便有一个横向的天井，其除具有天井的一般功能之外，还具有组织祠堂的空间序列的作用，组织串联祠堂的门屋、享堂与寝堂空间，形成层层递进的空间序列（图 6－120、图 6－121）。

图 6－120　江村浦公祠天井

（4）享堂空间

通过门屋，经过天井或庭院，到达祠堂的第二层室内空间——享堂，又称“中厅”，是宗族举行祭祀仪式和族中议事的重要场所，是祠堂内部结构和细部重点装饰的空间（图6－122至图6－126）。

图6－121　江村江氏宗祠天井

图6－122　呈坎罗东舒祠享堂

图 6－123　南屏叶氏支祠享堂

图 6－124　西递敬爱堂享堂梁架结构

图 6－125　宏村汪氏宗祠梁架结构

图 6-126　南屏叶氏支祠享堂梁架结构

（5）寝堂空间

通过享堂，经过天井，到达祠堂的第三层室内空间寝堂，里面供奉祖先的牌位，有的寝堂有上下两层，地坪一般比其他空间都高些，环境幽暗，充满神秘感（图 6-127、图 6-128）。

图 6-127　呈坎罗东舒祠寝堂梁架结构

图 6－128　江村江氏宗祠寝堂

6.3.3　徽州古祠堂大门

祠堂的立面形象主要体现在入口大门上，形式多样，雕刻精美，主要分为牌楼门和屋宇式门楼两种基本类型。

（1）牌楼门

牌楼门是指将牌楼贴附在祠堂主立面上作为一种大门的形式。西递的辉公祠（图 6－129）、屏山的咸宜堂、御前侍卫祠堂、舒光裕堂都属于牌楼门，为四柱三开间，其中屏山的三座祠堂在牌楼门的两侧各加筑一道45°斜角的矮墙，因形似八字，被称为“八字牌楼门”（图 6－130）。

图 6－129　西递辉公祠——牌楼门

图 6－130　屏山舒光裕堂——八字牌楼门

牌楼门由门头、门身和基座三部分组成。门头是牌楼门重点装饰的，由檐的屋顶、檐下的梁坊、字牌等构成。以屏山光裕堂为例，最高一层的屋顶，两端的翼角均向上起翘，两侧的屋顶，以对称形式单翼起翘；屋檐下为一层层的木斗拱，戗脊上的戗脊兽和嵌在墙上的砖雕花脊（正脊）两边倒立鳌鱼式的脊兽雕刻精美，且有防火驱邪保平安的吉祥之意；檐下梁枋，最上方的梁枋称“额枋”，它和下枋都有精美的砖雕图案，下枋的下方左右两边各有两个雀替砖雕装饰；上方的匾额刻有“恩荣”，下方的字牌上刻有“世科甲第”四字。

门身主要由门洞、照壁、立柱组成，一般情况照壁用水磨砖作拼贴来装饰。但光裕堂八字侧墙上高浮雕的图案，一侧为翠柏与梅花鹿，另一侧为松树与仙鹤，柏、松、鹿和鹤具有吉祥的寓意，雕刻形象生动（图6－131、图6－132）。门洞为石库门造型，黑色的铁皮包裹着板门。基座主要包括柱础和地袱，石柱础位于立柱的下面，地袱一般雕刻花草纹样，装饰简洁。

图6－131　八字侧墙上高浮雕图案

图6－132　八字侧墙上高浮雕图案

（2）屋宇式门楼

门楼由一层或多层的屋顶组成，形成三凤楼或五凤楼，也有简单的单坡屋檐的，比如宏村的汪氏宗祠。

五凤楼在徽州祠堂中非常具有代表性，其规模和级别是较高的，现保存的绩溪龙川的胡氏宗祠、旌德江村的浦公祠和江氏宗祠、歙县棠樾的敦本堂和昌溪的周氏宗祠都为五凤式（图6－133）。江村浦公祠门楼有内外两重门，外面的大门是三间六扇，均可开启木栅栏门，大门后是门廊空间，中间设仪门，两侧设侧门，双开的仪门上绘着尉迟慕、秦叔宝两个彩漆门神，仪门两侧分别放置一对抱鼓石；正脊两边和戗脊翼角处设有鳌鱼，有“独占鳌头”之意，正脊和戗脊还排列着小走兽天狗，有避邪作用，形态逼真；门楼的木雕装饰工艺精湛，描绘了戏曲人物和故事情节，中间是《郭子仪上寿图》，左边是《醉打金枝》，右边是《关羽过五关斩六将》（图7－66）。

图6－133　昌溪周氏宗祠门楼

第 7 章　徽州传统村落规划实践个案研究

7.1　西递

西递，古名西川，又称西溪，地处黄山南麓，黟县盆地的东北角，黟黄公路从村旁通过，距黟县县城约 8 公里。

2000 年 11 月 30 日被列入世界文化遗产名录，2001 年 6 月被评为国家重点文物保护单位，2003 年被评为首批中国历史文化名村，2012 年被评为中国首批传统村落。

7.1.1　选址分析

西递村落选址也遵循着传统风水理念，最初选择于前边溪和后边溪之间的一处小高坡上，“高毋近阜”“下毋近水”；同时北有松树山的靠山，东、西有杨梅岭、奢公山的砂山，村前有溪水环抱，前边溪、后边溪交汇于汇源桥，继续西流后与西边的金溪交汇于梧庚桥，再西流（图 7－1、图 7－2）。风水师认为西递“众星皆拱北，诸水尽朝东，今东水西流，其地主富”，符合徽州传统村落典型布局“枕山、环水、面屏”。

徽州传统村落水口一般选在山脉转折、两山夹峙或水流蜿蜒的地带，建造桥梁作为“关锁”，辅之以亭、堤、塘、树等镇物，达到留住财富之气、文运之气的目的。清《考川仁里明经胡氏支谱》序“文昌阁记”描述：“水口两山对峙，涧水匝村境。”西递水口进来有三座古桥，最外面一座为环抱桥，其右，山盘如蛇，巅耸楼阁，为魁星楼、文昌阁；其左，山宛如龟，寺院坐落其间，当地人称之为“水口亭”。

7.1.2　街巷空间分析

（1）等级结构分析

西递的街巷系统分为三个等级，三级街巷系统是随着村落的发展逐步完善的。西递村最早在程家里埄上处散居，人口少，无明显的街道；随着

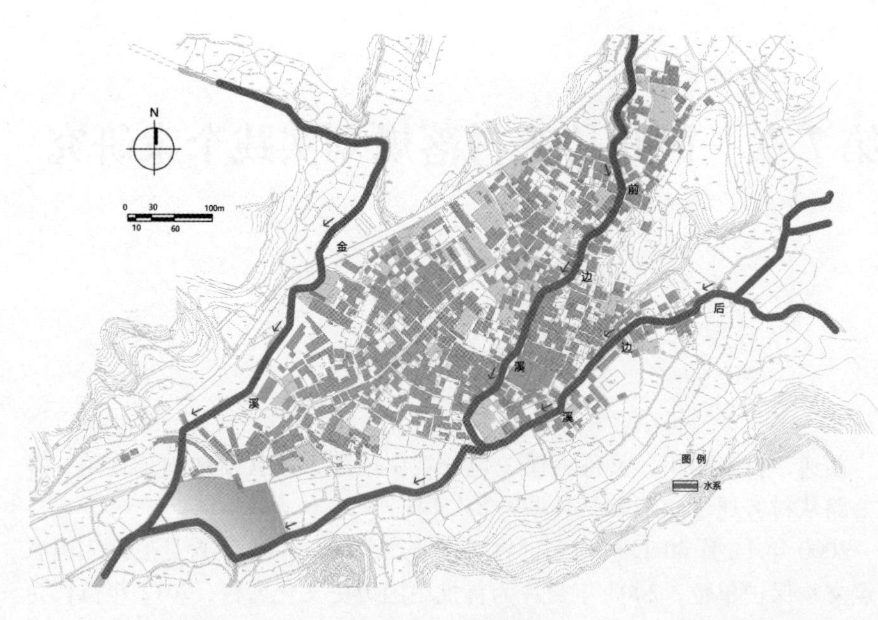

图7-1　西递水系

图7-2　西递村口

村落的发展和临水而居的思想，从沿着前边溪发展，逐渐形成前边溪街、后边溪街、大路街、直街、横街等完善的街巷系统（图7-3）。街巷完整度较高，主要街巷两侧明清建筑较多且保存完好，沿街界面空间元素非常丰富（图7-4至图7-7）。

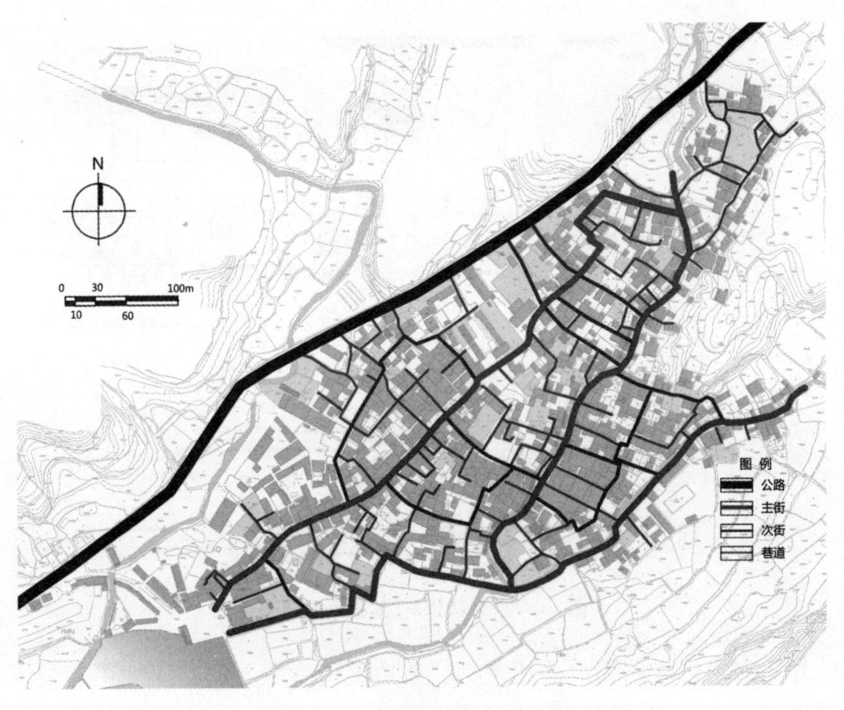

图7－3　西递街巷系统分析图

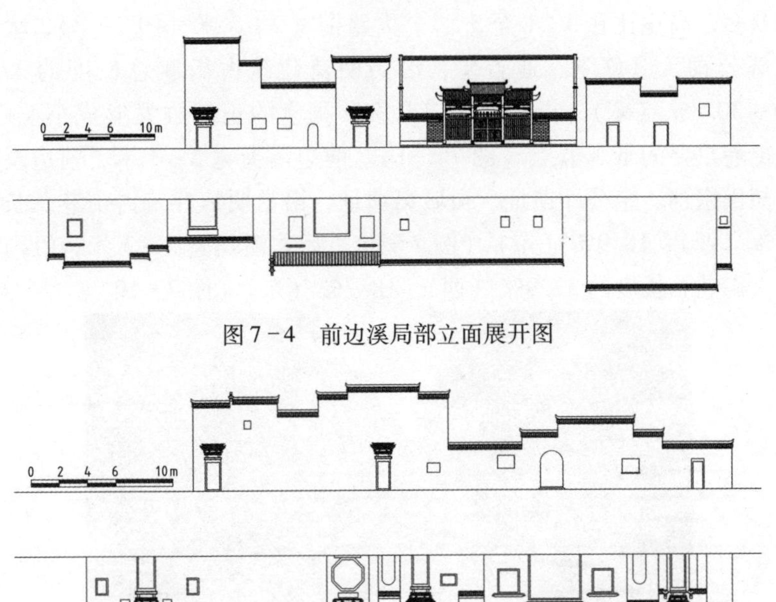

图7－4　前边溪局部立面展开图

图7－5　大路街局部立面展开图（一）

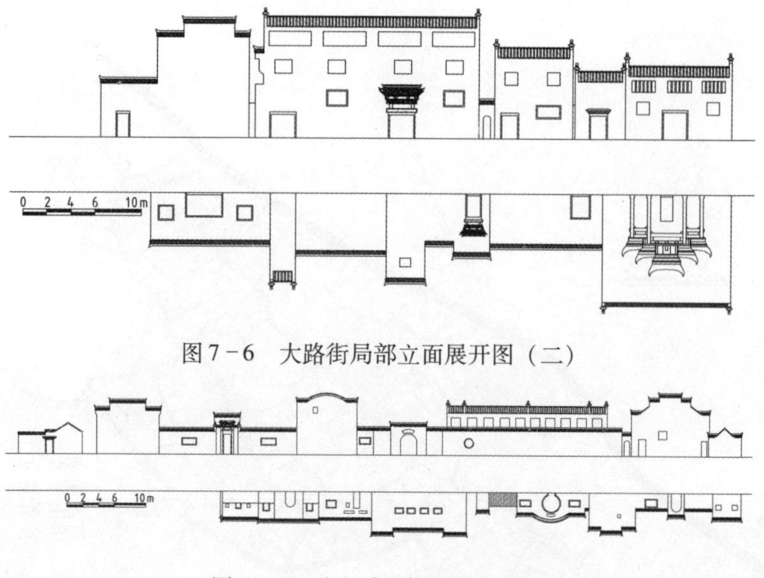

图7－6　大路街局部立面展开图（二）

图7－7　后边溪局部立面展开图

第一级是以大路街、前边溪街、后边溪街为主干的交通性街巷，该级街道两侧分布众多明清时期的建筑，街巷保存完好，历史价值较高，两旁商铺众多，高宽比在3∶1至5∶1。大路街宽2～3米（图7－8），大路街上有辉公祠、追慕堂、迪吉堂，沿街明清建筑占街巷总长度的37.9%（西）、30.8%（东）。街巷交叉口众多，祠堂的正门放大形成小型广场，成为街巷重要的景观节点（图7－11）。前边溪街宽2～3米，前边溪街上现有胡氏宗祠、余公厅遗址、司城第遗址，沿街明清建筑占街巷总长度的26.4%（西）、18.9%（东）（图7－9）。后边溪街宽2～3米，沿街明清建筑占街巷总长度的32.9%（西）、18.7%（东）（图7－10）。

图7－8　西递大路街

图 7－9　西递前边溪街

图 7－10　西递后边溪街

图 7－11　西递大路街追慕堂及前广场

第二级为生活性街巷，以直街和横路街为典型代表。横路街呈 L 形，西与大路街相接，止于大夫第，现存较多古民居，宽约 2.2 米，沿街明清建筑占街巷总长度的 62.5%（西）、35.5%（东），如东园、西园、百可园、桃李园、瑞玉堂等（图 7－12）。巷道曲折，界面丰富，有高墙石雕门楼，有镂花石窗院墙（图 7－13），也有简单的厨房、后院出入口。在巷道中，可以感受到光影的变化和较强的生活气息。直街西连大路街、东连前

图 7－12　西递横路街

图 7－13　西递横路街镂花石窗院墙

边溪街，宽 1.5 ~ 2 米。沿街明清建筑占街巷总长度高达 60.8%（北）、60.6%（南）。

第三级备弄，以胡氏宗祠两旁的祠堂上弄、祠堂下弄、司城第上弄、一线天弄为典型代表。其宽约 1 米，甚至更窄只允许一人通过，高宽比往往在 7∶1 至 10∶1，也有的甚至高达 12∶1。比如一线天弄高宽比约 8∶1，祠堂上弄高宽比高达 11.8∶1左右，两侧通常是高耸的封火山墙面，巷道往往很直，阳光很难直射到，有较强的压迫感（图 7－14、图 7－15）。

图 7－14　西递司城第上弄

图 7－15　西递一线天弄

（2）节点分析

① 节点互通性分析

通过对西递街巷节点的互通性分析可知（图 7－16），两条及两条以上的街道主要形成互通性节点，高达 88.4%，尽端节点较少，街巷连通性很好。

② 交叉口分析

西递的交叉口主要有十字交叉、T 字交叉、L 字交叉、Y 字交叉、十字错位交叉、工字交叉这几类，交叉口分布如图（图 7－17、表 7－1、图 7－18）所示。通过对交叉口的类型、数量分析，街巷交叉口众多，其中 T 字交叉数量最多，高 53.3%，其次是 L 字、十字错位、Y 字、工字交叉，分别占到 19.2%、13.2%、11.9% 和 1.8%，正十字交叉数量少，占到 0.6%。在常见的十字错位交叉、T 字交叉、Y 字交叉处，铺地形式较复

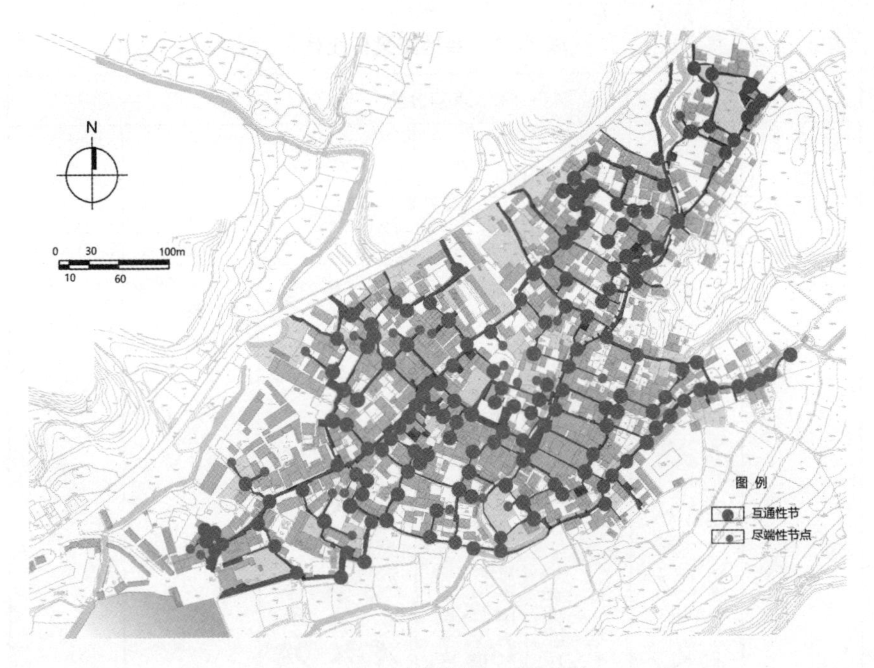

图 7－16　西递节点互通性分析

杂，在较为宽敞的交叉口常设石凳供村民休息，有的还设水井，有的设踏步、存在高低的变化。各种类型的交叉口平面和空间关系如图 7－19 至图 7－25 所示。

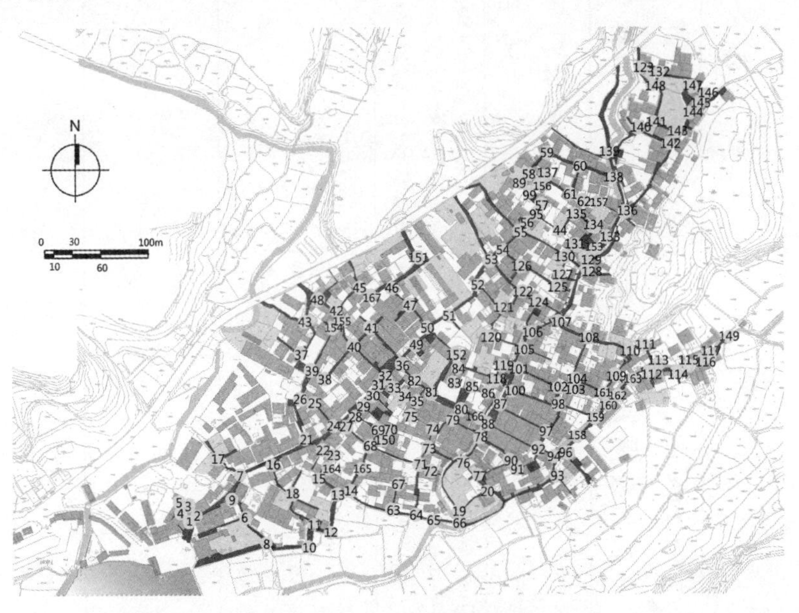

图 7－17　西递节点编号图

表7－1　西递交叉口统计

交叉口分类						
交叉口类型	L字	Y字	T字	十字错位	十字	工字
数量	32	20	89	22	1	3
比例	19.2%	11.9%	53.3%	13.2%	0.6%	1.8%
具体形态及编号	4 5 23 25 150 75 83 85 121 103 131 44 157 57 59 91 12 69 120 111 137 167 10 38 72 119 161 135 89 129 67 62	2 7 155 52 77 20 149 139 110 141 8 11 79 19 107 93 138 148 132 71	43 37 45 154 26 46 17 3 1 9 58 156 16 21 22 95 56 15 14 54 126 124 125 127 84 106 105 82 34 35 86 100 102 49 108 61 153 134 133 64 73 90 94 158 24 28 29 30 70 160 162 163 112 113 115 116 117 142 143 144 146 147 51 65 76 159 166 101 114 42 118 123 151 104 145 50 60 66 6 63 128 99 97 109 27 152 122 31	140 136 68 96 92 32 48 39 88 47 36 55 81 80 18 41 53 33 130 98 78 87	40	74 164 165

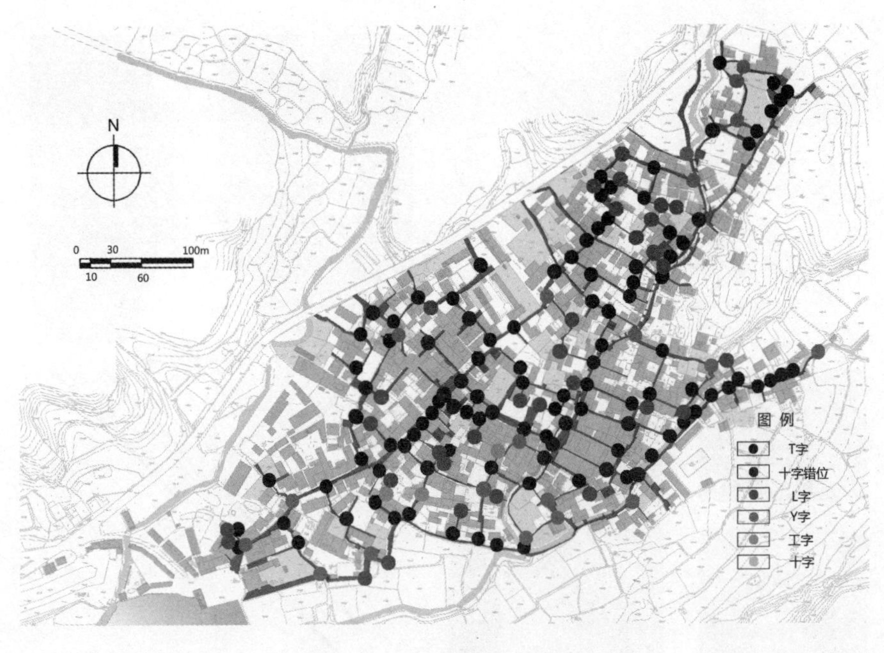

图 7－18　西递交叉口类型图

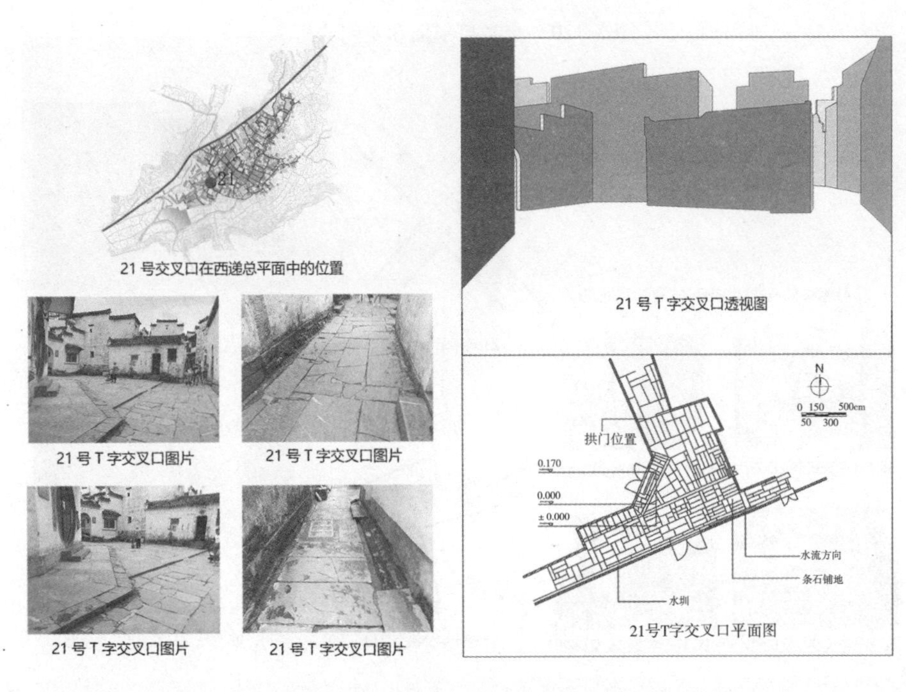

图 7－19　交叉口平面和空间分析

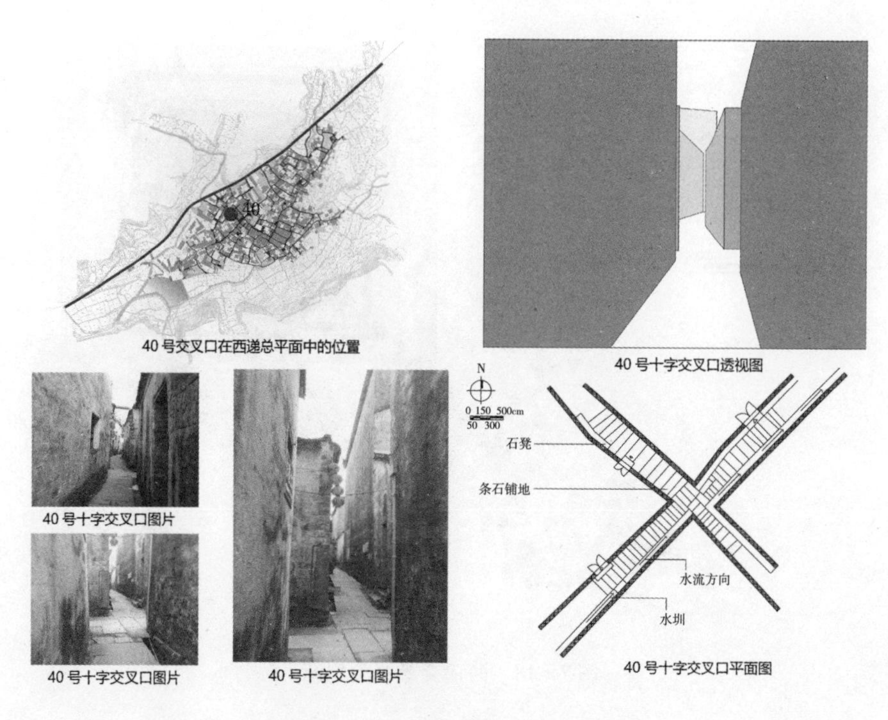

图 7－20　交叉口平面和空间分析

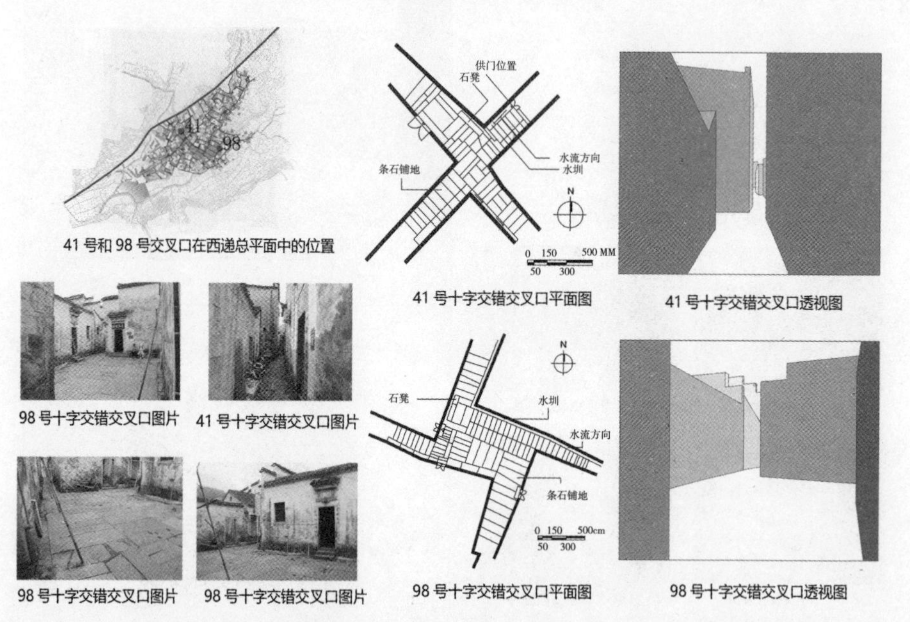

图 7－21　交叉口平面和空间分析

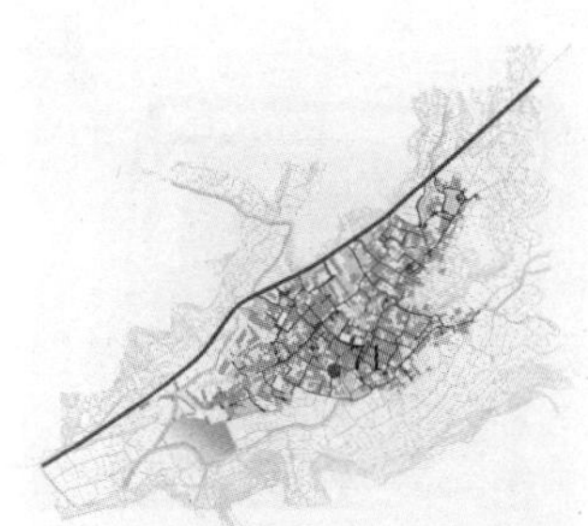

71号交叉口在西递总平面图中的位置

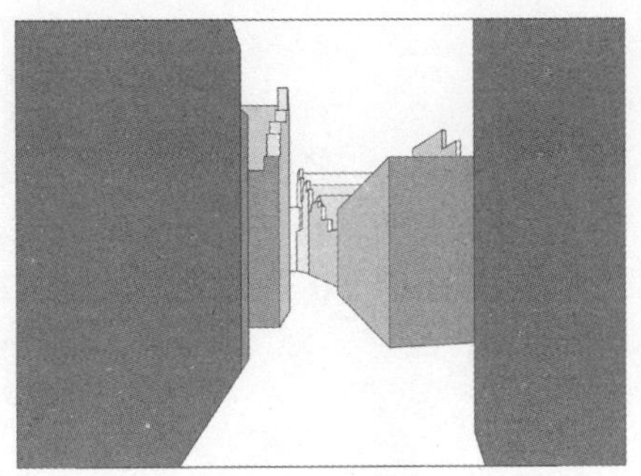
71号Y字交叉口透视图

71号Y字交叉口图片

71号Y字交叉口图片

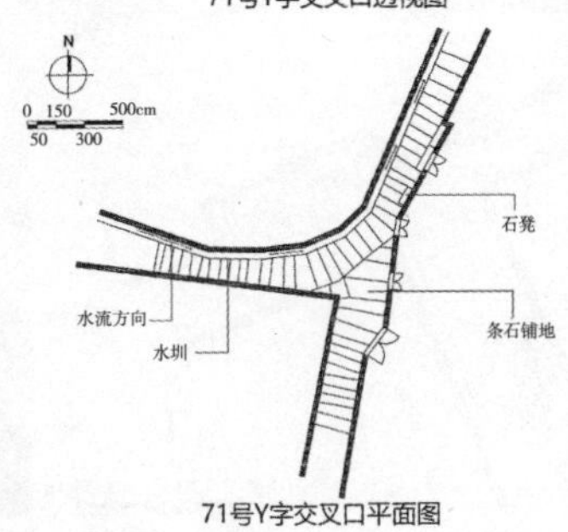

71号Y字交叉口图片

71号Y字交叉口图片

71号Y字交叉口平面图

图7－22　交叉口平面和空间分析

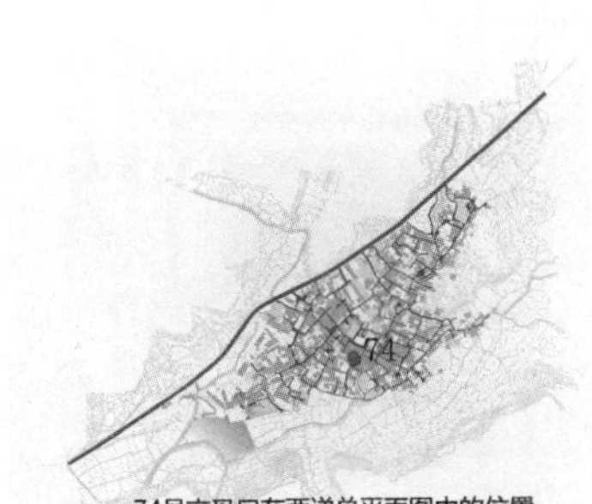

74号交叉口在西递总平面图中的位置

74号工字交叉口透视图

74号工字交叉口图片

74号工字交叉口图片

74号工字交叉口图片　74号工字交叉口图片

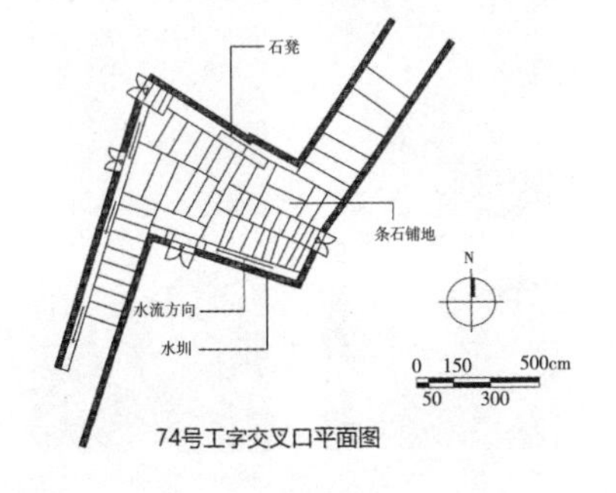

74号工字交叉口平面图

图7－23　交叉口平面和空间分析

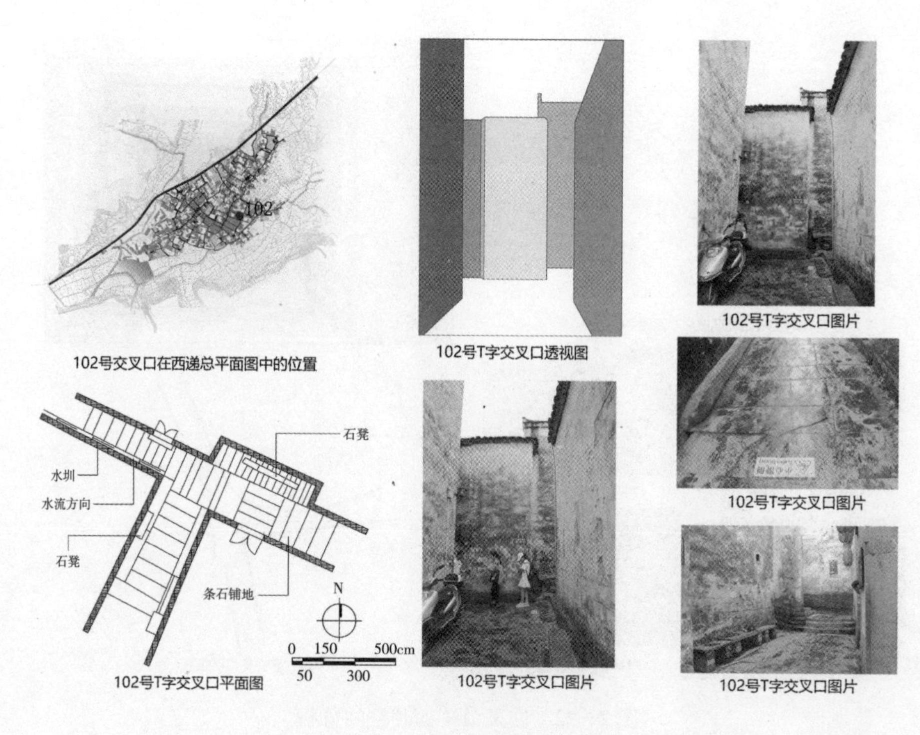

图 7－24　交叉口平面和空间分析

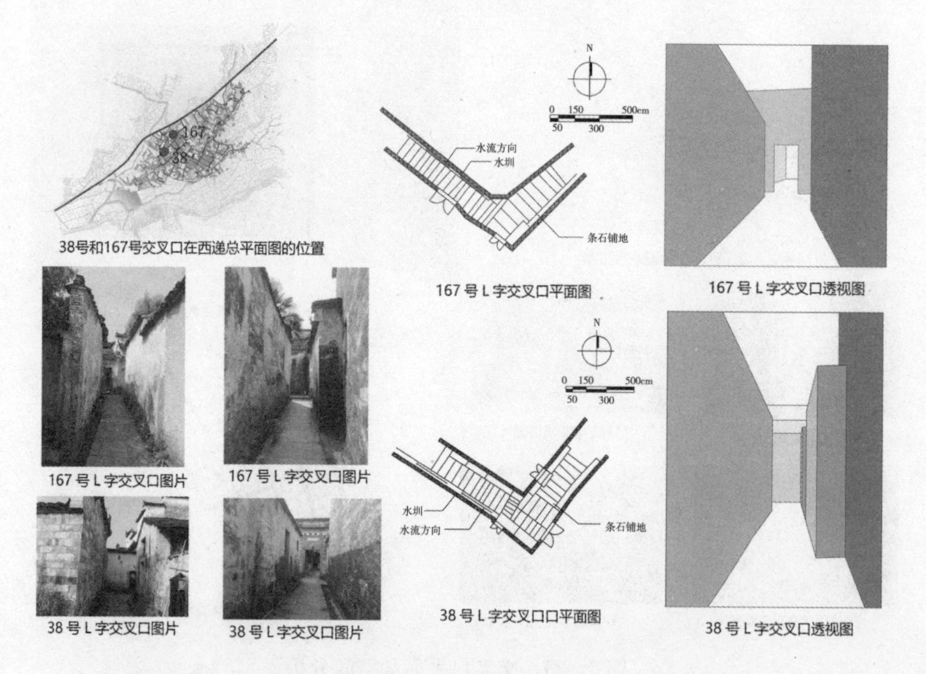

图 7－25　交叉口平面和空间分析

7.1.3 村落之间建筑布局

（1）建筑分析

① 公共建筑

西递村落历史上曾建造了28座祠堂、13座牌坊、3座庵堂，其中祠堂有七哲祠、节孝祠、明经祠、霭如公祠、怡翼堂、培芝轩、锄经堂、六房厅、常春堂、三房厅、追慕堂、下五房祠、鸿公厅、元璇堂、种德堂、敬爱堂、司城第、下新厅、至宝公祠、五魁家祠、时化公祠、凝秀堂、中和堂、长房厅、咸元堂、上五房祠、笔啸轩以及绎思堂。西递村民恪守严格的宗法制度，祠堂遍布全村，控制着整个村落空间结构。现存完好的祠堂有敬爱堂、追慕堂、迪吉堂，局部保存的有七哲祠、辉公祠，还有明经祠遗址、六房厅遗址（图7－26、图7－27），现保留较完好的牌坊有胡文光刺史牌坊。

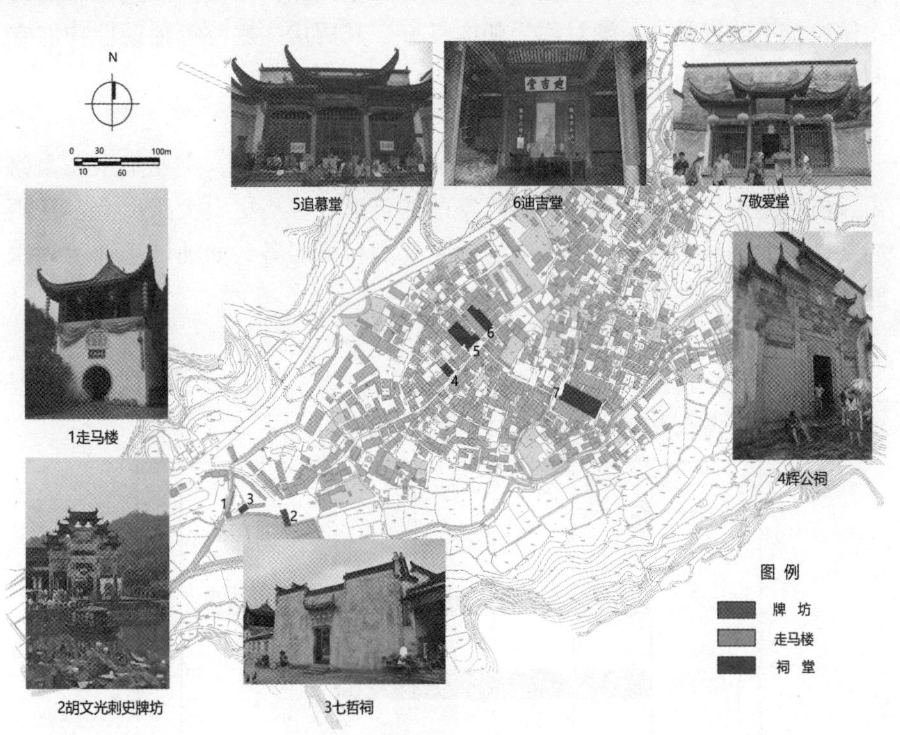

图7－26　西递现保存的主要公共建筑分布图

图 7-27　六房厅遗址

② 居住建筑

西递村建筑类型大部分为民居，保留下来的明清民居数量多，都为典型的徽州建筑，其中桃李园、膺福堂、居安堂、桂馥庭、大夫第、西园、东园、瑞玉庭、惇仁堂、履福堂被列为全国重点保护单位。西递古民居的主体建筑平面规整、中轴对称、朝向良好，其厨房、庭院等辅助性功能空间依地势而建，形状自由。

③ 商业建筑

由于古驿道原因，历史上西递交通便利、商业繁盛，主要集中在大路街、前边溪街和直街，多为前店后寝的建筑形式。历史上大路街上多是酒店茶楼等老字号店铺，前边溪街店铺主要为村民服务，如油铺米铺药铺铁匠铺等。

（2）建筑高度

西递现状建筑以一、二层建筑为主，分别占 40.32%、57.11%，三层建筑极少，仅占 2.57%（图 7-31、图 7-28）。

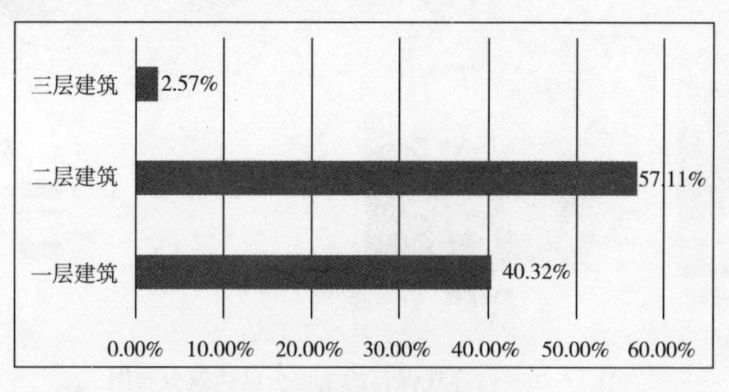

图 7-28　西递建筑高度分析

（3）建筑年代

西递现状建筑按年代分为明代建筑、清代建筑、民国时期建筑、新中国成立后至 20 世纪 80 年代期间的建筑，以及 20 世纪 80 年代后的建筑（图 7－32），分别占 1.17%、48.01%、5.83%、5.83%、39.16%（图 7－29）。其中明代的建筑有尚德堂、仰高堂、胡逢光宅、王建荣宅和胡文光刺史牌坊。

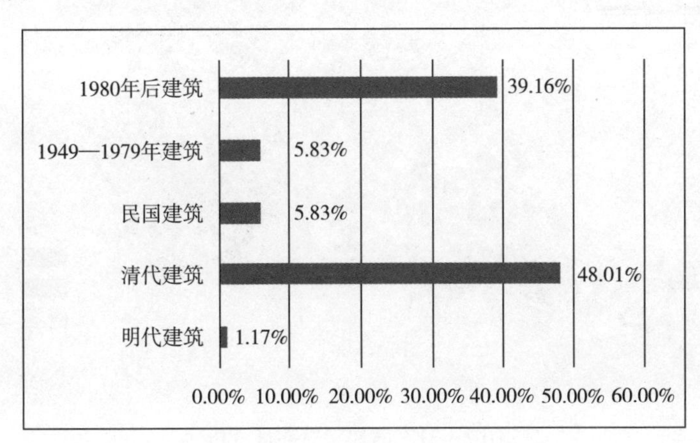

图 7－29　西递建筑年代分析

（4）建筑风貌

按建筑风格等形式，将建筑风貌分为三类（图 7－33、图 7－30），一类风貌建筑主要指具有鲜明的徽州建筑特色，整体或局部保存完好的 1949 年前的各类文物保护单位以及历史建筑；二类风貌建筑指 1949 年以后的建筑，具有典型的徽州建筑特征，与传统建筑风貌协调；三类风貌建筑是指 1949 年以后的建筑，与传统建筑风貌不一致、不协调的建筑。

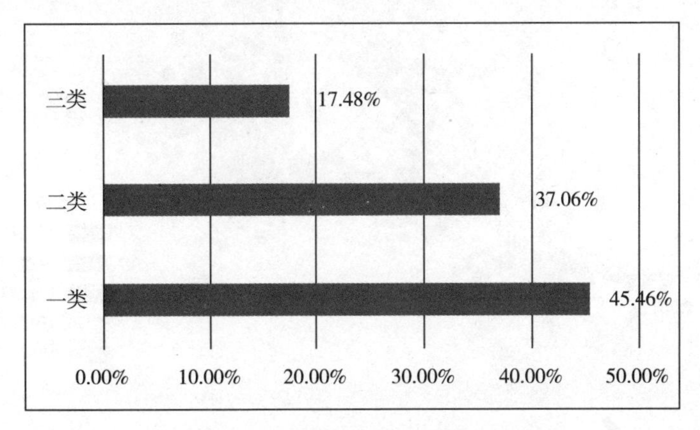

图 7－30　西递建筑风貌分析

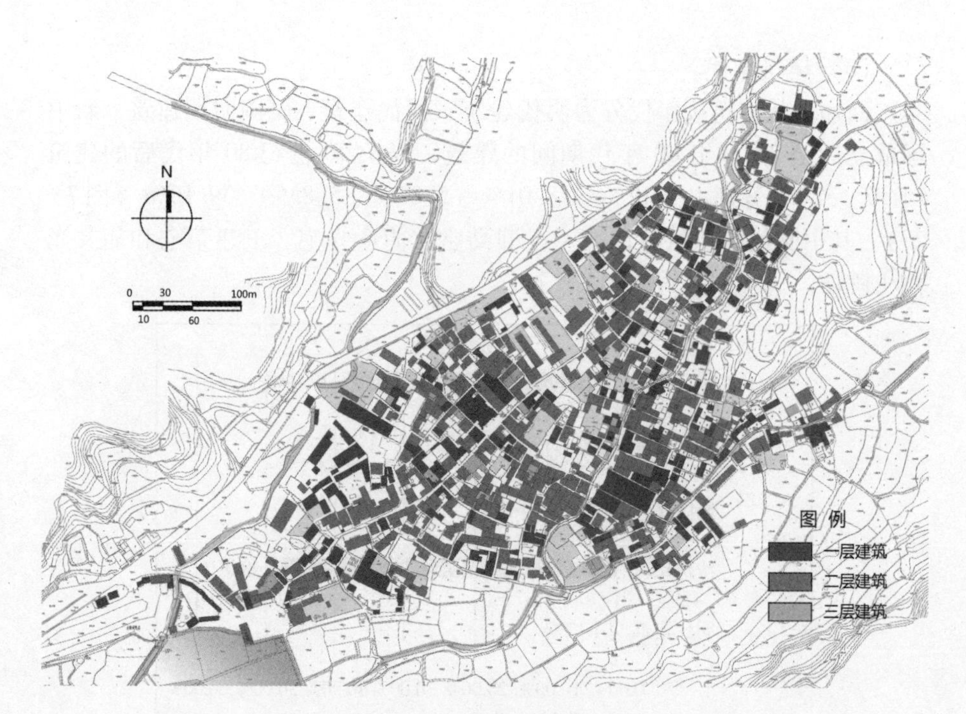

图 7 - 31　西递建筑高度分析

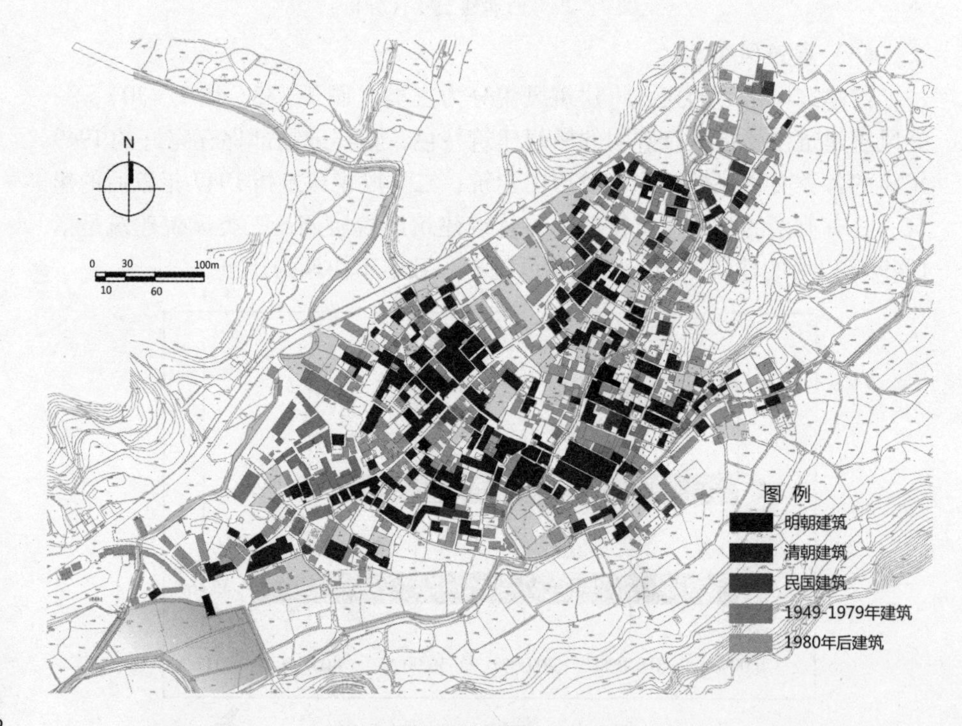

图 7 - 32　西递建筑年代分析

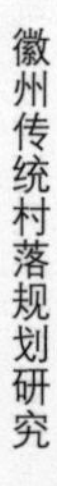

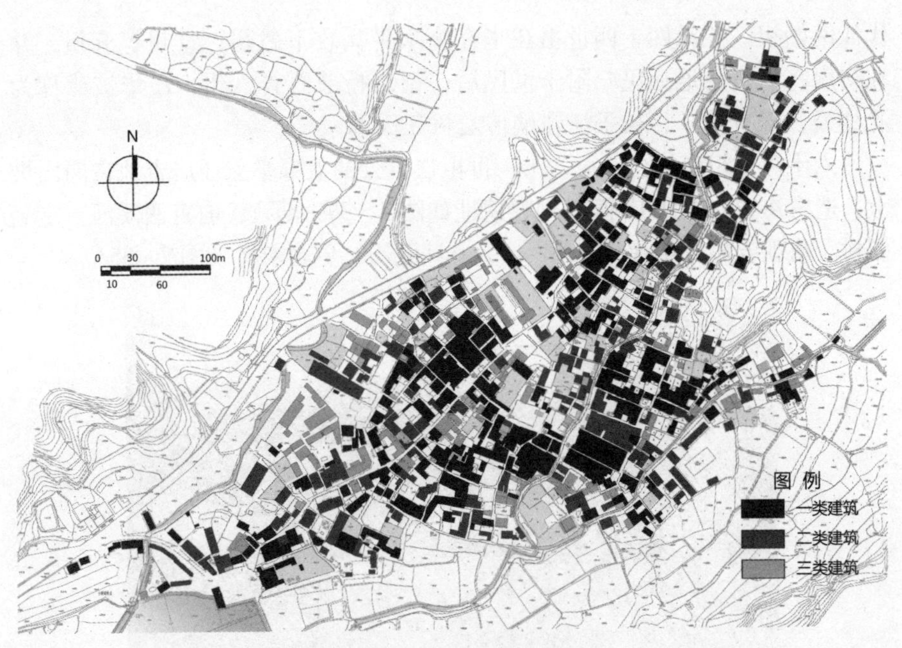

图 7－33　西递建筑风貌分析

7.2　宏村

宏村位于安徽省黄山市黟县宏村镇，处于黟县东北部，东北距世界名山黄山 20 余公里，东南距道教名山——齐云山 30 余公里，西北距佛教名山九华山 120 余公里，地处黄山余脉，境内峰峦叠嶂，溪涧回流，东有黄雉山、石灰岭、甲溪岭与泗溪乡相邻，南以扁担山、小岭头、大圣亭山与阳光乡相接，西有大野尖、白顶山、三府尖与碧山乡毗邻，北以扁担铺、学堂山与太平区交界[24]。

宏村于 2000 年 11 月 30 日被列入了世界文化遗产名录，2001 年 6 月被评为国家重点文物保护单位，2003 年被评为首批中国历史文化名村，2012 年被评为中国首批传统村落。

7.2.1　发展阶段

（1）村落定居阶段（1131—1276）

东汉建安二年（197），汪氏三十一世祖汪文和南迁江东，封淮安侯。之后，孙吴将领讨伐黟歙山越，汪文和举家迁至新郡始新，成为汪氏第一代江南始祖。汪氏四十四世祖汪华在隋末带兵攻下歙州、宣州等五州，并在初唐将六州土地兵民归附李世民后，诏为持节总管六州，汪华被尊称为光烈公，养有九子，长子汪建嫡传宏村汪氏脉系。

六十六世祖彦济公遵循六十一世祖仁雅公的遗嘱举家迁居吉地雷岗山坡上，造房4幢，共计13间（现存遗址如图7－34所示），前有西溪河，定名弘村。清朝乾隆二年（1737年），为避讳弘历，更名宏村（图7－35）。

图7－34　宏村雷岗山遗址区

图7－35　宏村定居阶段平面图

图片来源：段进，揭明浩．空间研究4——世界文化遗产宏村古村落空间解析［M］．南京：东南大学出版社，2009：10.

（2）村落发展阶段（1276—1607）

1276年的大洪水使西溪河改道，《开辟宏村基址记》记载："逮德佑丙子五月望日，雷电风雨，暴兴迷离，若飞沙走石，腾蛟翔龙状，汪洋一片，平沙无垠，明日顿改故道，河渠填塞，溪自西而汇合，水环南而潴卫。"西溪河改道后，雷岗山脚下一片平坦，形成了"北枕雷岗，三面环水，南屏吉阳山的风水宝地"，至此宏村迎来了较大的发展。此阶段宏村的建设主要体现在以下几个方面：一是在1403年，聘请风水师对村落进行总体布局，完善村落风水；二是引水入村，修建水圳；三是明确村落发展方向，向开阔的南面发展，村落中心由雷岗山坡上的13间逐渐转移到以月沼为中心。这时期两大建设是月沼和宗族总祠堂、各房支祠的建设（图7－36）。

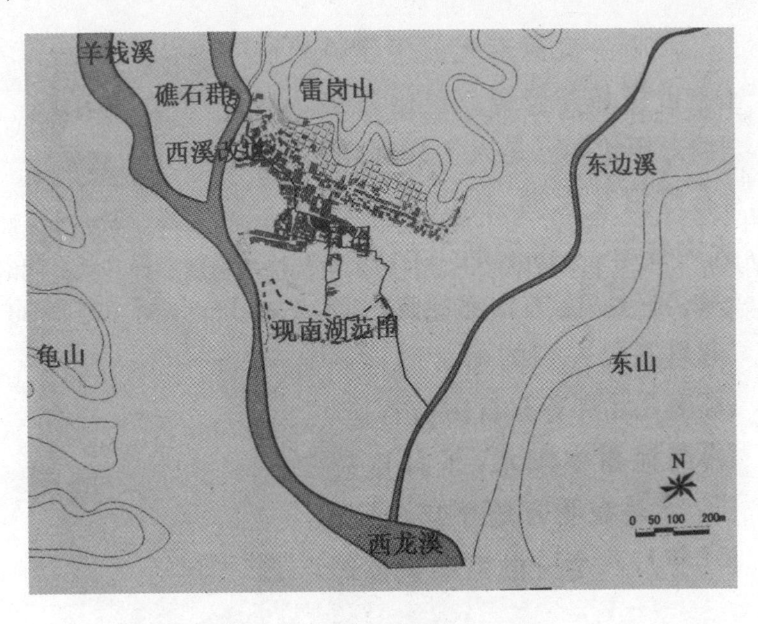

图7－36　宏村发展阶段平面图

图片来源：段进，揭明浩．空间研究4——世界文化遗产宏村古村落空间解析［M］．南京：东南大学出版社，2009：11.

（3）村落鼎盛阶段（1607—1855）

村落进一步向南拓展，该时期最大的公共建设为修建南湖书院和南湖，南湖书院占地约4500平方米，是村落内最大的公共建筑，宏村"牛形"村落形态也自此定形，东至东边溪，西至西溪，南至南湖，北至雷岗山，村落的人口和房屋数量达到历史的最鼎盛时期（图7－37）。

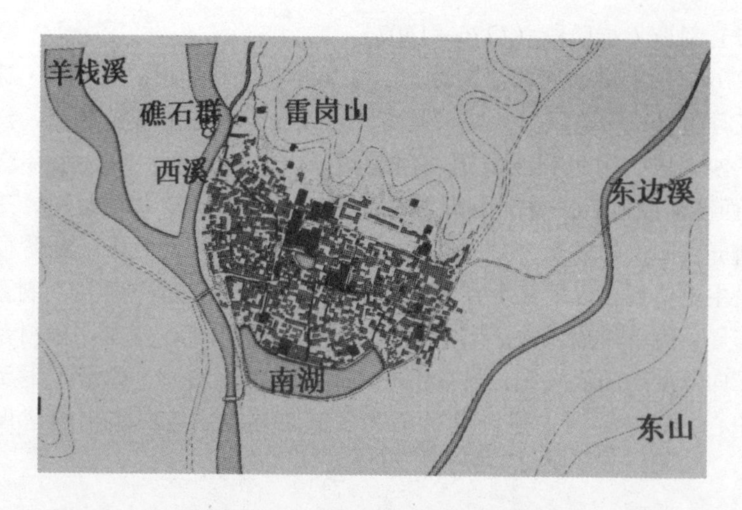

图 7－37　宏村鼎盛阶段平面图

图片来源：段进，揭明浩．空间研究 4——世界文化遗产宏村传统村落空间解析［M］．南京：东南大学出版社，2009：12.

（4）村落衰落阶段（1855—1949）

由于羊栈岭一带成为太平军和清军的主要战场，村内的大多地主阶层多资助清政府，当太平军攻陷后，宏村村内被焚烧的房屋不计其数；同时随着徽商的没落，更无力进行村庄的建设和公共建筑的修缮活动（图 7－38）。

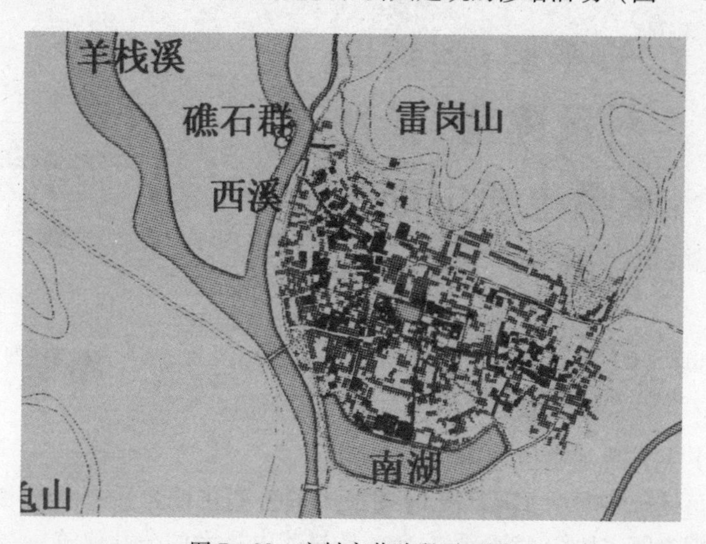

图 7－38　宏村衰落阶段平面图

图片来源：段进，揭明浩．空间研究 4——世界文化遗产宏村传统村落空间解析［M］．南京：东南大学出版社，2009：13.

(5) 村落的再发展阶段（新中国成立至今）

新中国成立后，村落的街道、水系和空间格局被保留下来，但由于村民生活水平较低，无力维修，一些古建筑破损严重。

改革开放后，村民收入逐渐增加，开始进行新的楼房建设和村庄建设，尤其2000年宏村被列入世界文化遗产名录，被誉为“中国画里乡村”宏村的保护和发展迎来了新的阶段（图7－39）。

图7－39 宏村再发展阶段平面图

图片来源：段进，揭明浩．空间研究4——世界文化遗产宏村传统村落空间解析［M］．南京：东南大学出版社，2009：14.

7.2.2 选址分析

汪氏六十一世祖仁雅公居黟县奇墅村时就留言家人：“阳基形胜应在雷岗之阳，后必福禄绵永”；之后六十六世祖彦济公“博极群书、精于堪舆”，觉得寄居在奇墅村虽有“渔山溪、狮子峰把水口”，但“此地散漫而无结束，不足以当之”，遂迁至雷岗。宏村村落选址遵循传统风水模式，背靠雷岗山，左右龟山、东山为砂山，前有西溪和东边溪水系屈曲环抱，面屏案山（吉阳山），村落基选址形成了“北枕雷岗、三面环水、南屏吉阳山”的风水宝地（图7－40）。

宏村的村落建筑和周边的山水格局相统一，引西溪水进村，利用村中天然泉眼，将建筑、自然和人融于一体，建成了一座形态特别的牛形村落。

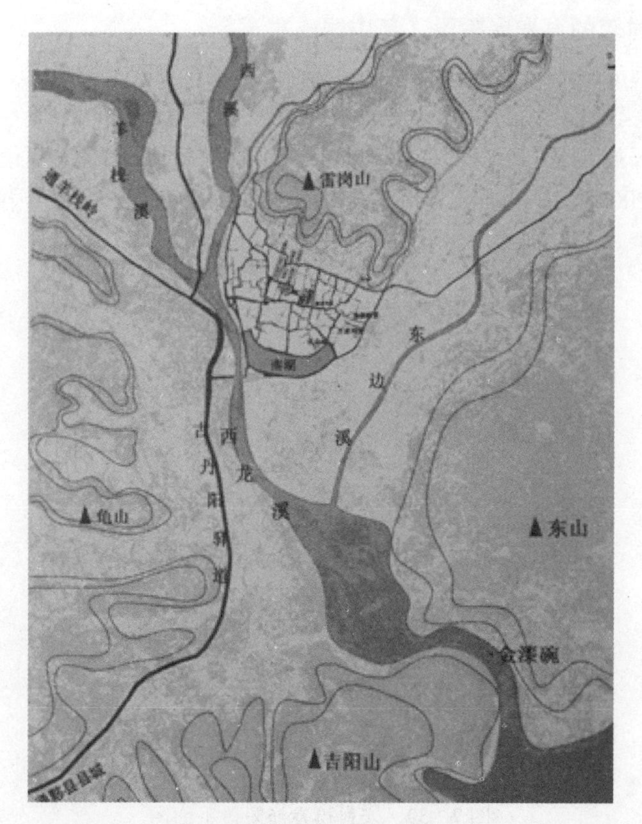

图 7－40　宏村周边环境图

图片来源：段进，揭明浩．空间研究 4——世界文化遗产宏村古村落空间解析［M］．南京：东南大学出版社，2009：14.

7.2.3　街巷空间分析

（1）等级结构分析

宏村的街巷系统分为三个等级，结构完善，三级街巷系统的形成与村落发展密不可分。在村落定居阶段，仅有一条沿雷岗山延伸的东西向道路，即后街；随着村落进一步向南发展，修建月沼和水圳，形成了第二条主要东西向街道，即宏村街；到了村落发展的鼎盛时期，随着南湖的修建，形成了第三条主要东西向街道，即湖滨北路。街巷系统通过主街不断衍生出次级巷路和三级巷弄，街巷系统不断完善。

第一级道路主要为东西向的后街、宏村街、湖滨北路以及外围的湖滨南路、际泗路、西溪路；第一级道路的发展印证了宏村逐步向南扩建的历程。外围的湖滨南路、际泗路、西溪路道路走向主要沿水体和溪流，形成村落边界，具有较强的封闭性和防御性。

第二级生活性街巷大体呈南北向，如：上水圳、茶行弄、中山路是村内空间层次最丰富、最有特色和生活气息最浓郁、最有活力的街巷空间，街巷与水圳相结合，形成建筑、街、水和人为一体的和谐空间，街巷中的拱门、古井、古树等要素，不仅丰富街巷的层次性，且成为村民日常休闲、娱乐的场所空间。

第三级道路是建筑之间的巷弄，很狭窄，甚至有的地方只能允许一人通过，基本没有可停留的空间。

宏村的三级道路系统，纵横交错，形成各种角度，形态自由（图7-41），但在代表宗族思想的祠堂前，街巷道线形较规整。

图7-41　宏村道路系统图

（2）节点分析

① 节点互通性分析

通过对宏村街巷的节点互通性分析可知，村内尽端道路少，两条及两条以上的街道主要形成互通性节点，连通性很好。虽然道路曲折多变，纵横交错，却相互连通，增强了街巷空间的公共性，便于宗族内部的来往和沟通（图7-42），但研究发现，村落对外联系的节点只有四个，因此具有较强的防御性和排斥性。

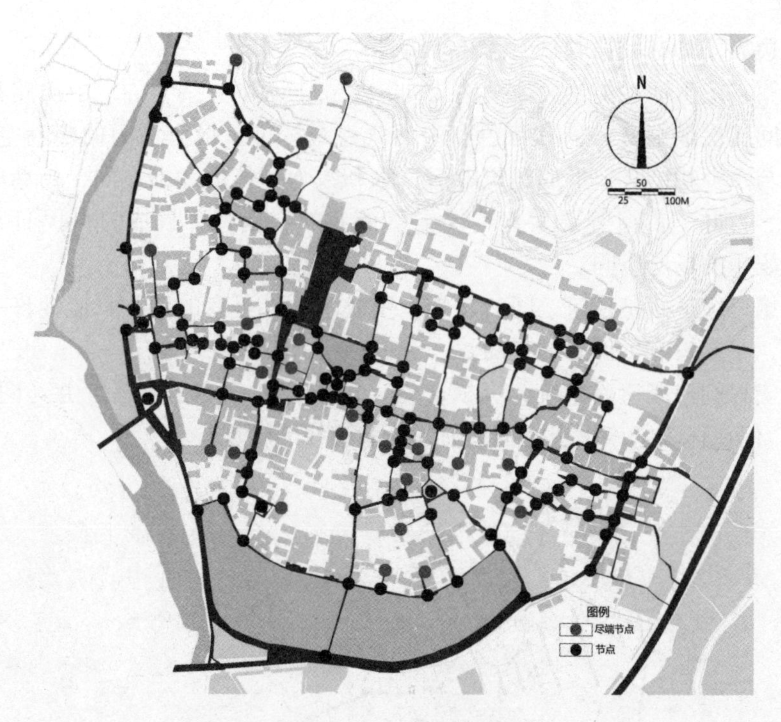

图 7-42　宏村节点互通性分析

② 交叉口分析

宏村的交叉口主要有十字交叉、T 字交叉、L 字交叉、Y 字交叉、十字错位交叉五类（图 5-45、图 5-46，表 5-1）。T 字交叉在宏村交叉口中数量最多，高达 62.0%；其次是 Y 字交叉、L 字交叉、十字错位交叉。

③ 村口空间

宏村村口位于村落的西侧，紧邻西溪，交叉口形式特别，进村和出村的道路交错，产生了广场的开放空间，起到了疏散人流的作用。村口有两棵 400 多年历史的“风水”树：红杨、银杏。据传，过去宏村村民办红白喜事，新人花轿进村会绕红杨树转个圈；老人辞世寿棺出村则会绕银杏树（俗称白果）一圈。因此，两棵大树除了作为村落入口的标志，还被赋予“进”“出”更深层次的人生含义[7]（图 7-43）。

(3) 拱门分析

在众多徽州传统村落中，宏村现存拱门最多，共有 23 个，布满村落的大街小巷，主要分布在村落的上水圳、月沼、南湖等重要景观位置（图 7-44）。拱门对街巷空间和村落景观主要起着以下三方面的作用：一是对不同等级、不同形态、不同归属空间的界定、分隔，丰富空间的层次，这在宏

图 7－43　宏村村口

村共有 6 座；二是保持空间界面的连续性，宏村共有 5 座；三是两者作用皆有之，在宏村此类拱门最多，共有 12 座，比如 7、11 号拱门，既界定月沼和街巷的空间，又保持了月沼周边建筑的连续性（图 7－45、图 7－46）。

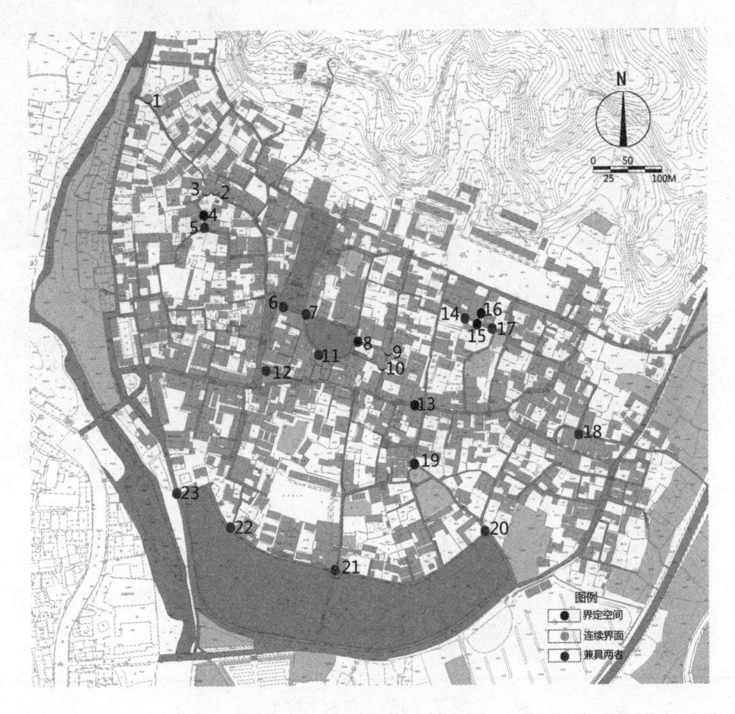

图 7－44　宏村拱门分布图

界定空间		连续界面	
4		1	
8		2	
13		3	
15		9	
16		10	
19		黟县宏村共有 23 座拱门，其中界定空间有 6 座，保持空间界面连续有 5 座。	

图 7－45　宏村拱门

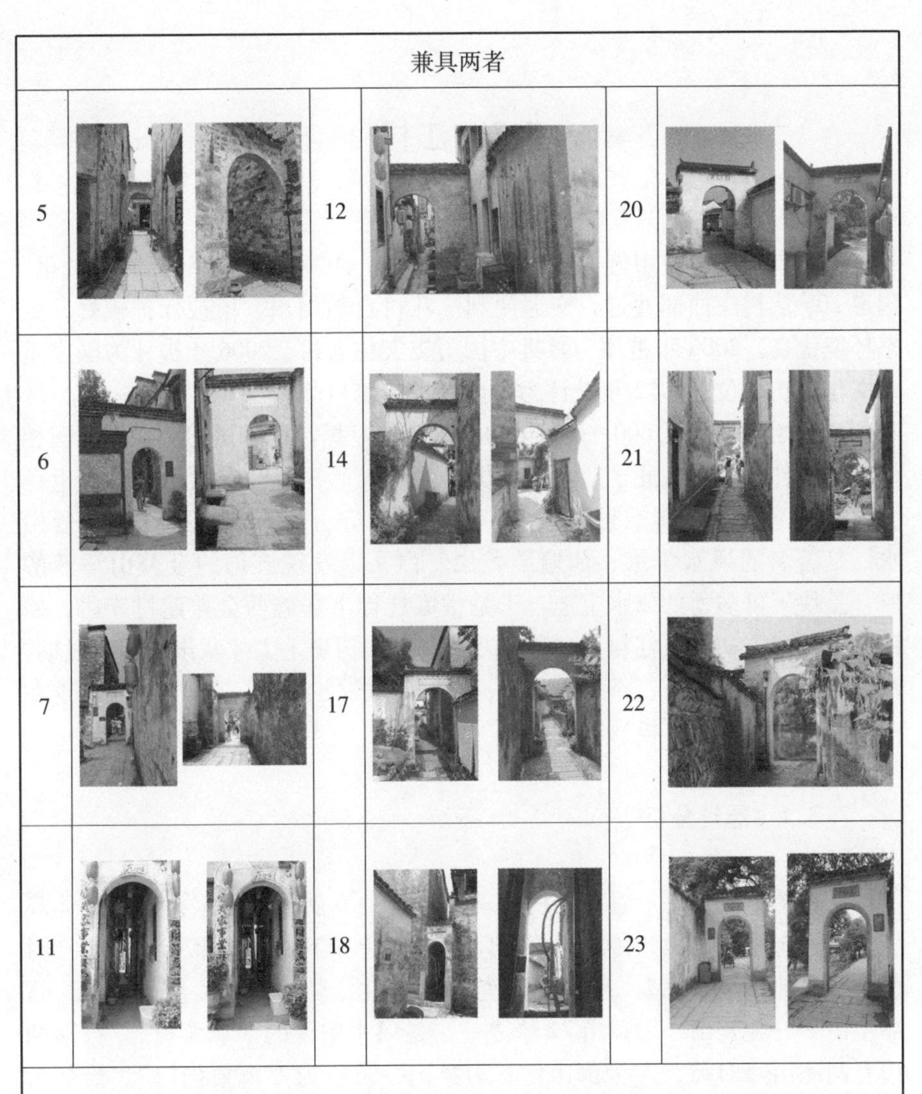

黟县宏村，共有23座拱门，其功能大致可以分为三类。第一类属于界定空间（不同等级、不同归属的相邻空间的过渡）共6座；第二类是用于连续整体街巷界面的拱门，共5座，其功能作用就是连续街巷界面，保持街巷界面整体性；第三类是兼具前两者功能的拱门，共12座，此类拱门在街巷空间中既界定拱门两边的空间，同时连续了街巷的整体界面。

图7－46　宏村拱门

7.2.4　水系分析（略。详见4.1.3）

7.3 江村

江村，位于宣城市旌德县西南部白地镇，距离黄山风景区约37公里，国道205从村庄西部通过，交通便利。江村自然山水、植被保护较好，生态环境优良。2003年被评为首批中国历史文化名村，2006年被评为国家重点文化保护单位，2012年被评为中国首批传统村落。

江村始建于公元600—630年的隋末唐初。据江氏宗谱记载，夏禹国相伯益子玄仲，被禹的儿子启封于江国，为江氏始祖。江玄仲第八十六世孙文学家江淹是南北朝梁时考城人，任宣城太守，江淹五世孙江韶性爱山水，是著名的风水学家，他遍游黄山、白岳，发现旌德的金鳌山浑然醇厚，是块不可多得的风水宝地，于是举家迁徙卜居旌西金鳌建村族居，始称江村。咸丰初年，江村人口达8万人。江村历史上人才辈出，明清时期，江氏族人，考取进士、举人126人；民国年间又出博士、学士17人。这在中国的传统村落中，极属罕见。

7.3.1 选址分析

从村落整体形态上看，江村呈现块状集中发展，其山水格局和整体环境突出，选址符合徽州传统村落在风水思想指导下的理想聚落模式。江村整个村落地形呈东北高、西南低之势，坐东北，朝西南，为群山环抱，背靠主山——金鳌山，为黄山72峰之一，是风水中说的“靠背椅”。村落两边有两座山峰对峙，左为狮山，右为象山，被称为“狮象把门”，恰似太师椅的扶手，是典型的“太狮椅形”风水宝地（图7－47、7－48），并在狮山、象山上建庙宇、浮屠“关锁气势”；穿村而过的“玉龙溪”和绕村南而西环的“凤溪”，玉龙溪与凤溪的交汇于西南角，形成玉带环抱之势，两溪之间，有一方十几亩大小的人工水塘，名曰“聚秀湖”（图7－49），属于风水观念指导下的产物，挖掘于明代成化、弘治年间，南岸呈半环状，北岸基本平直，形成半月形。整个江村背靠大山，前有聚秀湖，左右有狮、象二山对峙，龙溪和凤溪两条溪流分别汇合于聚秀湖下，最终汇入青弋江水系，形成山环水绕聚风敛气的理想风水格局。聚秀湖是砚台，聚秀湖旁的文昌塔仿若一支笔，世科坊如墨（图7－50），江村便是硕大的一

图 7－47　在狮山上俯瞰江村

图 7－48　江村“太狮椅形”风水宝地

图 7－49　江村聚秀湖

张纸，形状与文房用品相类，被誉为是兴文运、盛科甲的吉利山形，备受推崇。

图 7－50　江村文昌塔和世科坊

7.3.2　街巷空间分析

（1）等级结构分析

江村对外交通为东南部一条宽约 4 米的道路，直接通达 205 国道，交通方便。村内道路由交通性街道、生活性巷道、附属备弄组成，各级道路系统纵横交织，形成网格形的道路系统，构成江村的街巷体系（图 7－51），至今保存了较完整的街巷肌理。

一级道路系统由东西向的一条主街和南北向的一条主街形成了“十”字道路，东西向的主街宽 2～3 米，一侧为玉龙溪，宽 2～3.5 米，溪水清澈，水上架简易平板桥连接住户，形成一半水、一半街，两旁为典型的徽州建筑，形成了小桥、流水、徽州人家的景象（图 7－52、图 7－53）。该条水街位于村落中心，除了承担了主要的交通功能，而且承担村民日常洗涤的功能，每隔32米左右就会设置用青石板或石条搭设的洗埠点，共有19个（图7-54），方便村民使用，形成一道特殊的风景线。两侧建筑主要为民居建筑，在靠近老街的西侧，该街的北面有一栋全国重点文物保护单位明代孝子祠。

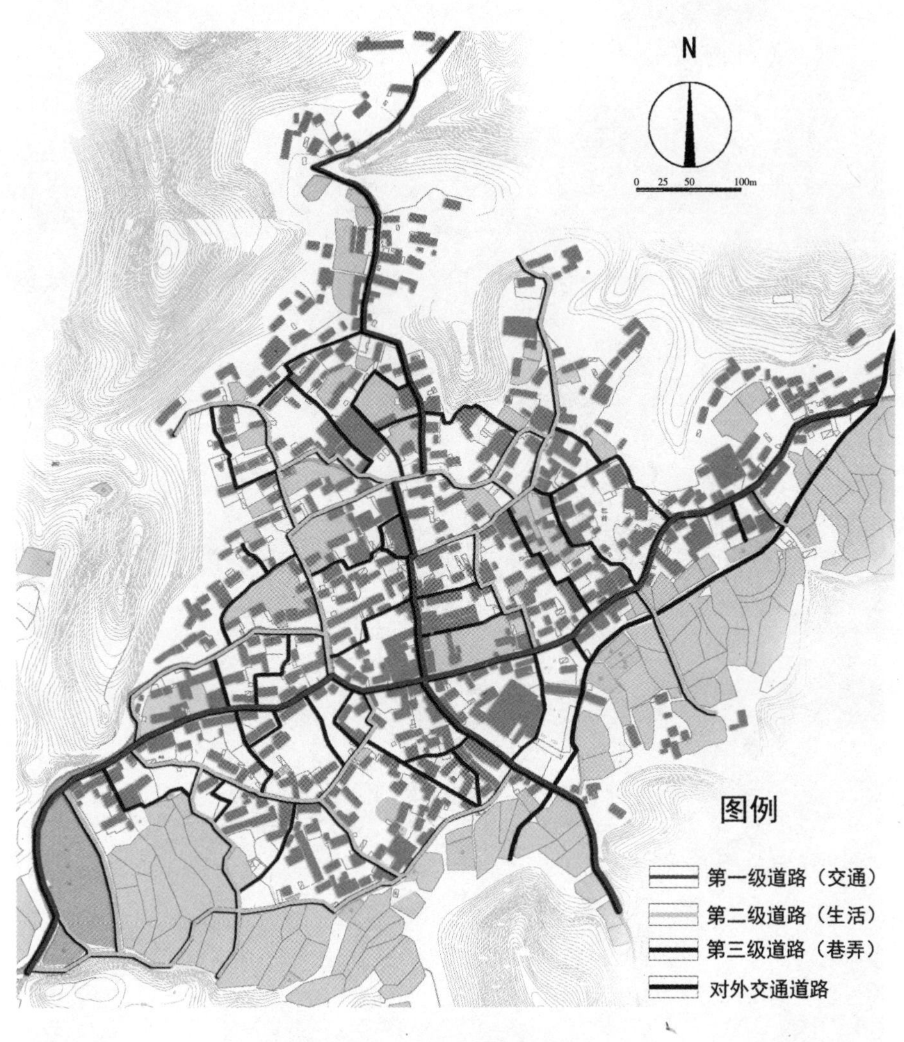

图7-51　江村道路分析图

图 7－52　江村小桥、流水、人家、街巷

图 7－53　江村小桥、流水、人家、街巷

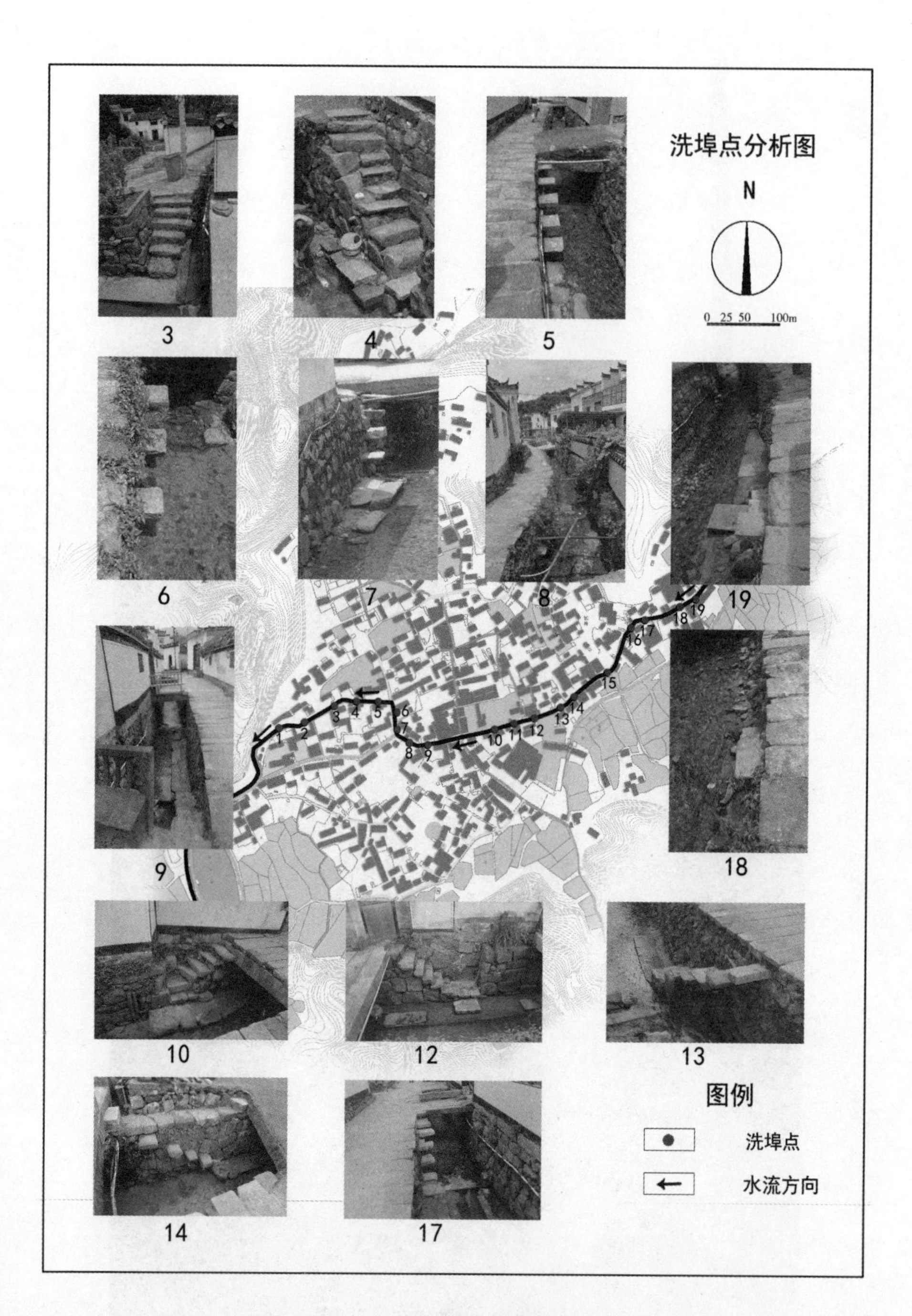

图 7－54　江村洗埠点分析图

南北向的主街位于村落中心，宽2.5～4.5米，现保留了全国重点文物保护单位江氏宗祠、浦公祠、父子进士坊、江氏宗祠汉白玉牌坊（江氏宗祠保护范围内），文物丰富、价值高。村中重要的公共建筑主要沿着该条街巷排列（图7－55）。其中江村老街（国保）位于街道的中心段，全长约500米，北起江氏宗祠，南至溥公祠。历史上，江村老街有数十家商肆店铺，十分繁华，是江村人主要的公共活动场所之一。江村老街曲折别致，空间丰富且能抵御冬天的寒风，空间界面亲切自然（图7－56），铺地为清一色的条石横铺，形成凹凸不平、古朴厚重的历史悠久感。老街上的父子进士坊、汉白玉牌坊打破了长条街巷的单调性，增加了空间的层次性和历史的厚重感。

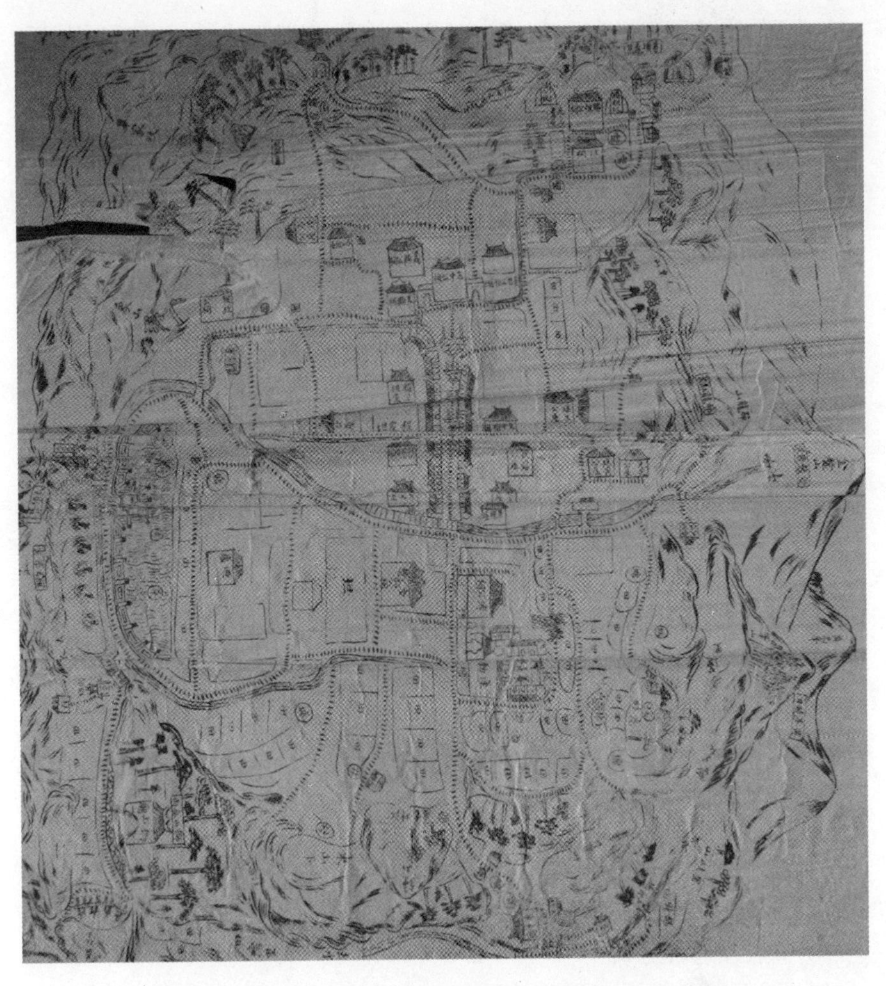

图7－55　江村主要公共建筑分布图（拍摄于江氏宗谱）

图 7－56　江村老街曲折别致

(2) 节点分析

① 节点互通性分析

江村整体的街巷空间和肌理保存基本完好，通过对江村街巷节点的互通性分析，发现村内尽端道路极少，两条及两条以上的街道主要形成互通性节点，虽然道路曲折多变，纵横交错，却相互连通（图 7－57）。

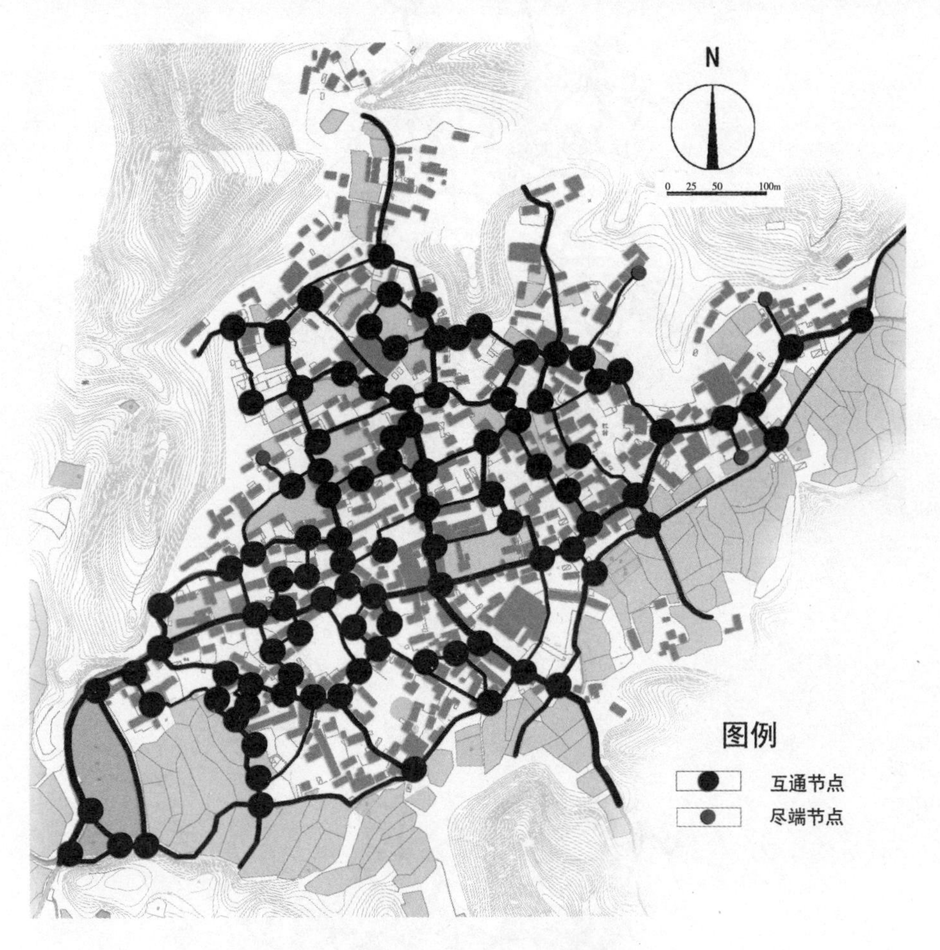

图 7－57　江村道路互通性分析

② 交叉口分析

江村的交叉口主要有十字交叉、T 字交叉、L 字交叉、Y 字交叉、十字错位交叉这几类（图 7－58、图 7－59）。通过对交叉口类型、数量的分析，发现 T 字交叉、L 字交叉、Y 字交叉数量最多，分别占到 33.9%、28.6% 和 22.3%，十字错位交叉和十字交叉数量少，占到 6.3% 和 8.9%（表 7－2），符合徽州传统村落交叉口类型数量特点。

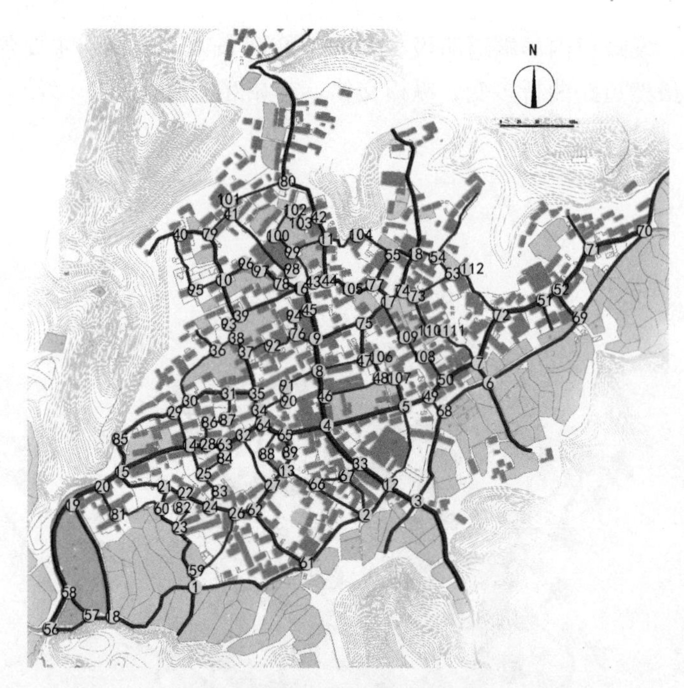

图 7－58　江村交叉口编号图

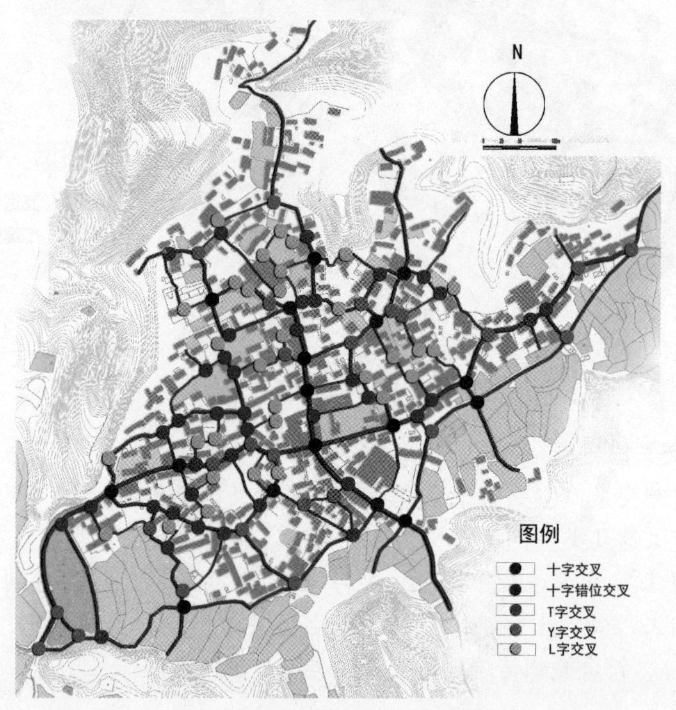

图 7－59　江村交叉口分析图

表7-2　江村交叉口统计

交叉口类型	十字	十字错位	T字	Y字	L字	总计
数量	10	7	38	25	32	112
比例（%）	8.9	6.3	33.9	22.3	28.6	100
形态	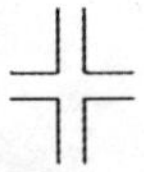		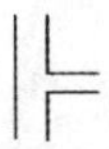			
图中对应编号	 1 3 4 5 6 7 8 9 10 11	 12 13 14 15 16 17 18	 2 19 20 21 22 23 24 25 26 27 28 29 30 31 32 33 34 35 36 37 38 39 40 41 42 43 44 45 46 47 48 49 50 51 52 53 54 55	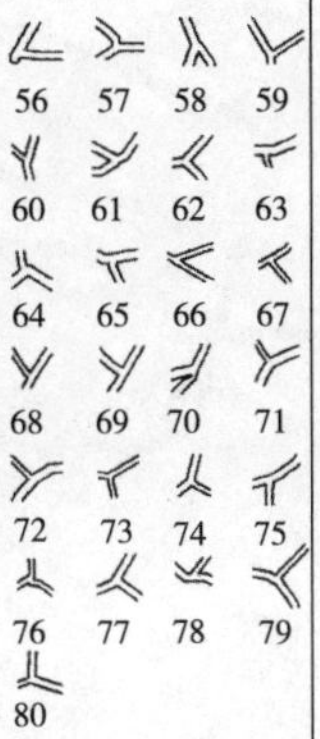 56 57 58 59 60 61 62 63 64 65 66 67 68 69 70 71 72 73 74 75 76 77 78 79 80	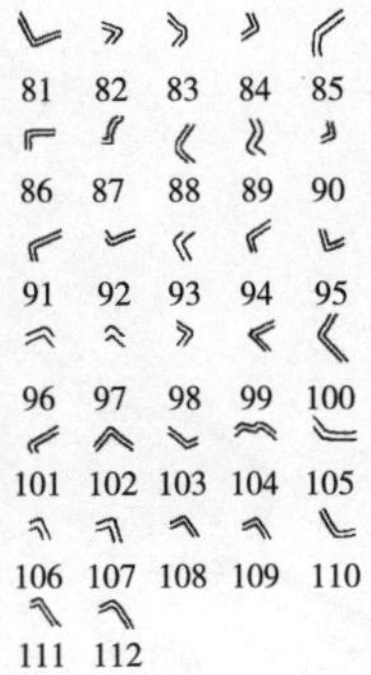 81 82 83 84 85 86 87 88 89 90 91 92 93 94 95 96 97 98 99 100 101 102 103 104 105 106 107 108 109 110 111 112	

7.3.3　水系分析

（1）水系

江村的水系丰富，穿村而过的“玉龙溪”自东面金鳌山流下，向西流去。在村东南侧，另有一条溪流，名“凤溪”，曲折萦环，绕村而出，于村落西南角汇合后，汇入青弋江水系。在村口，挖呈半环状的聚秀湖，与玉龙溪和凤溪形成了山环水绕聚风敛气的风水格局。聚秀湖为全国重点文物保护单位，水面面积约6500平方米，距今已有500多年的历史。

村内水系四通八达，分为100厘米以上的水系、30～50厘米和30厘米以下的水系（图7-60），其中30～50厘米居多；除此，明沟、暗圳与水系相互连通。

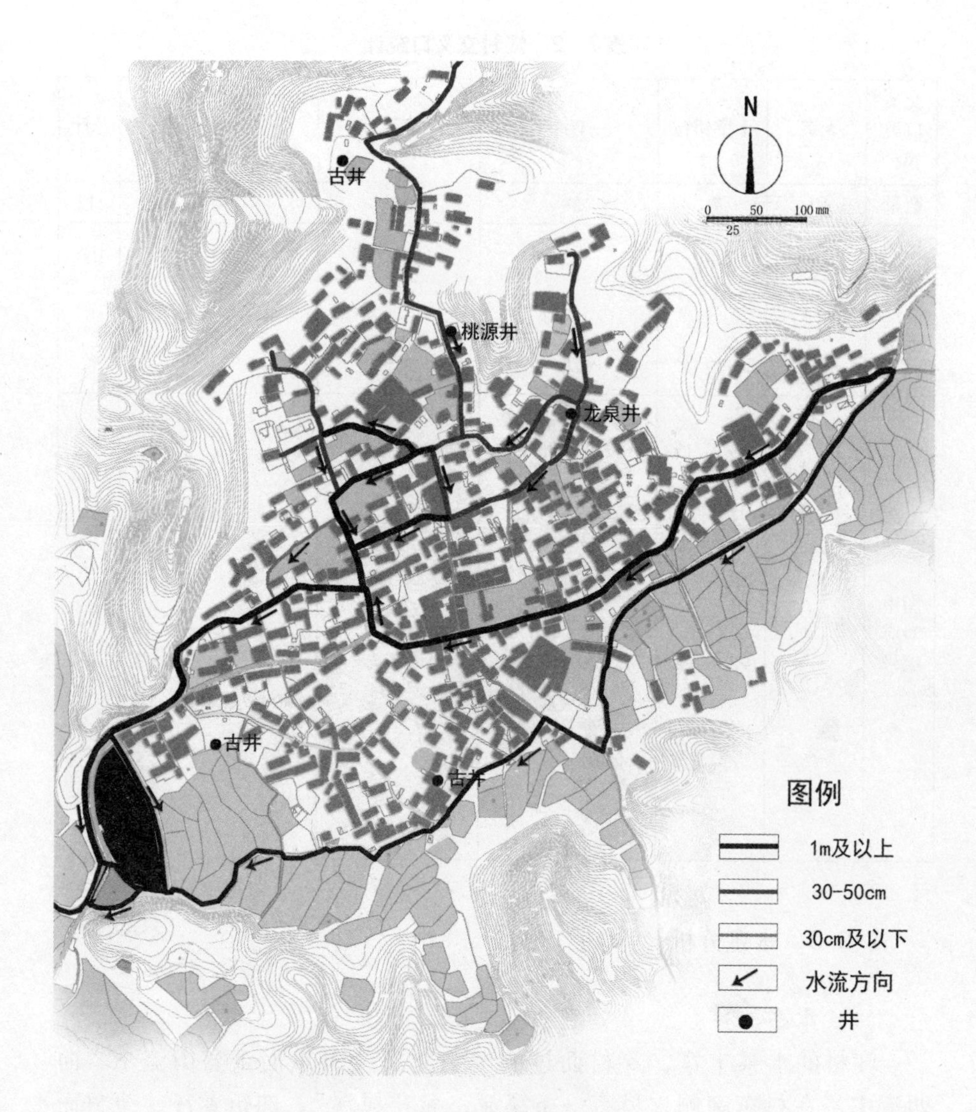

图7-60　江村水系分析图

（2）古井

调研中发现江村现存古井5口，分布如图7-61所示，其中桃源井、龙泉井都为县级重点文物保护单位。桃源井据说为明代后期所建，为正方形，用条石砌成，四角有青钢石柱，柱头为葫芦形，井北面建有一座土地庙，仍然有香火痕迹（图7-62）。龙泉井建于明代，正方形，以条石砌制而成。其他3处古井保存完好，都能使用。

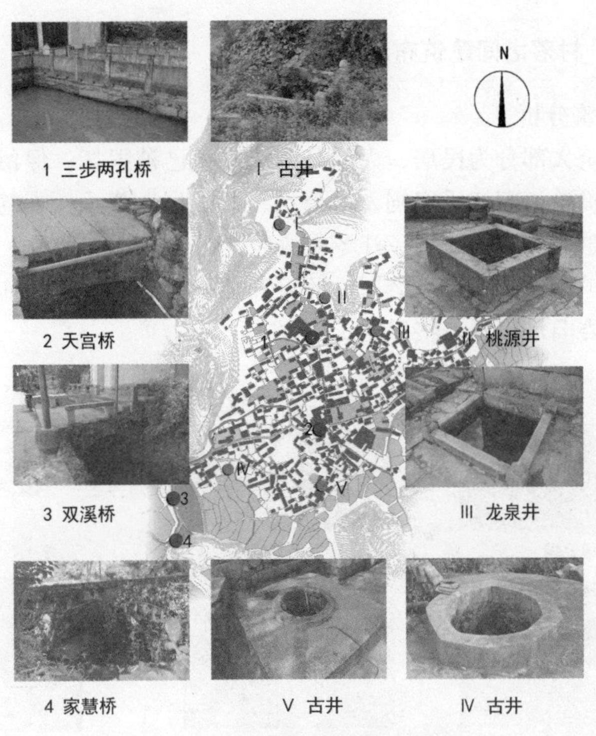

图7-61　江村古井古桥分布图

图7-62　桃源井和土地庙

7.3.4 村落之间建筑布局

（1）建筑分析

江村建筑大部分为民居，大部分明清建筑已被毁坏，保留下来的全国重点文物保护单位有江氏宗祠、溥公祠、孝子祠、茂承堂、笃修堂、进修堂、闇然别墅、江泽涵故居、江冬秀故居、父子进士坊（图7－63）；县级重点文物保护单位有戏台坦老屋；还有其他一些历史建筑，如江村老街店铺、旌德县委旧址以及一些民居。

图7－63 江村全国重点文物保护单位分布图

① 公共建筑

明清鼎盛时期，江村有8座宗祠，现保存的祠堂有江氏宗祠、溥公祠、孝子祠3座；古牌坊有父子进士坊、世科坊和江氏宗祠汉白玉牌坊；还有狮山上的妈祖庙和村口聚秀湖旁的文昌塔，文昌塔系后来按照原貌重新恢复建设（图7－64）。

图7－64　文昌塔

溥公祠，位于江村东南部，建于明代，平面布局形成门屋—天井—享堂—天井—寝堂的空间序列，总建筑面积893平方米，享堂明看三开间，暗含五开间样式（图7－65）。门楼为五凤楼，屋角饰以鳌鱼、哮天犬、方天画戟等暗含趋吉避凶（其图7－66）。门楼雕刻精美，将历史题材《郭子仪上寿》《醉打金枝》《关羽过五关斩六将》等画面表现得栩栩如生。享堂用料粗壮，两廊庑的东向檐柱以狮首悬柱式处理，结构别致（图7－67）。寝楼为二层建筑，两端前檐部伸出耳房，名曰钟鼓楼，此种做法在徽州祠堂建筑中是少见的（图7－68）。山墙采用卷棚加马头墙式，风格独特（图7－69、图7－70）。

图7－65　溥公祠享堂

图7－66　溥公祠门楼

图 7－67　檐柱以狮首悬柱式

图 7－68　溥公祠寝堂

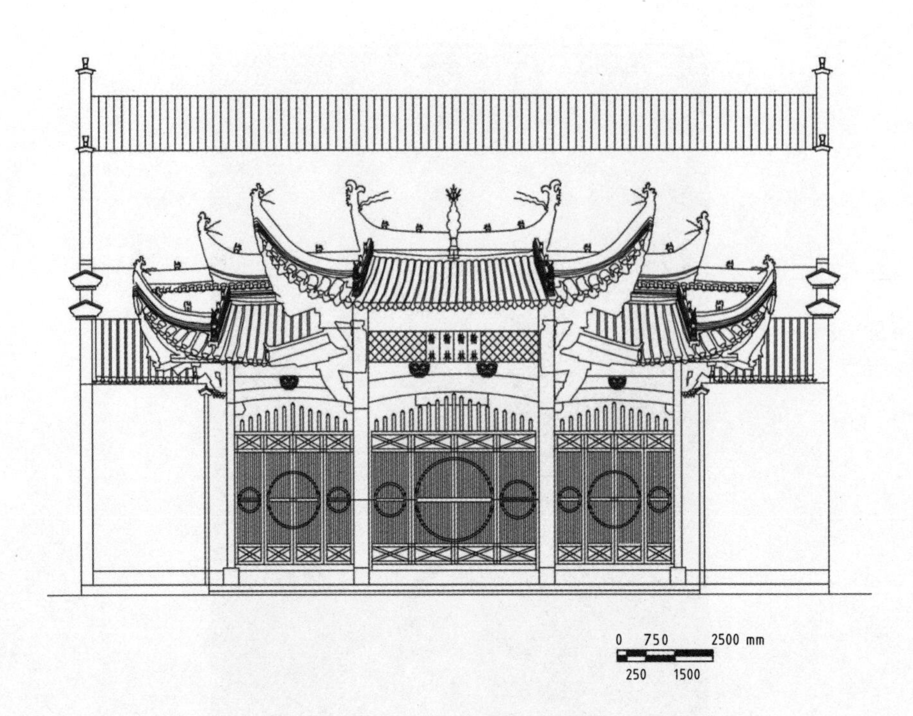

图 7－69　溥公祠正立面

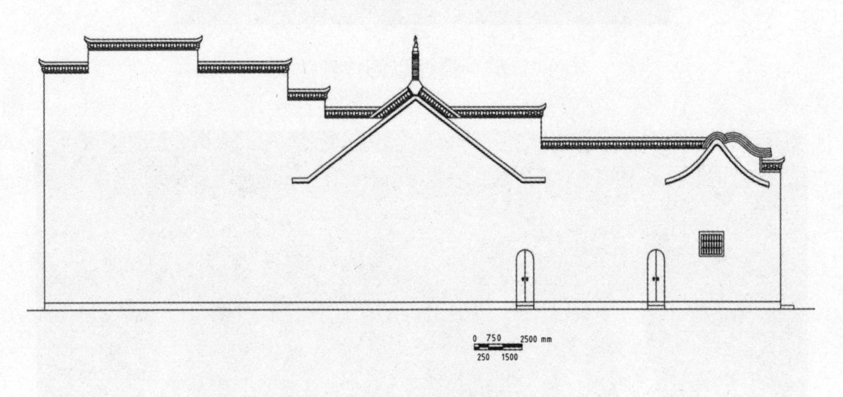

图 7－70　溥公祠侧立面

江氏宗祠为总祠，始建于明代；由祠前广场、泮池、门厅、天井、廊庑、享堂、寝楼几大部分组成；规模宽敞，用料硕壮，做工精细。

孝子祠位于老街的西侧，是为明代孝子江昌修建的专祠，其在建筑空间布局上呈民宅风格。

牌坊有父子进士坊（国保）、世科坊（国保聚秀湖保护范围内）和江氏宗祠汉白玉牌坊（国保江氏宗祠保护范围内）。父子进士坊位于江村老街中部，两坊相隔约50米，屋宇式牌坊，二柱单间三楼式，两座牌坊的额枋、花板、脊饰等构件，雕刻技艺精妙绝伦。世科坊和江氏宗祠汉白玉牌坊为按原貌重新恢复修建。

② 商业建筑

江村历史上的商业主要集中于老街，有数十家商肆店铺，十分繁华。现存老街店铺，位于国保老街保护范围内，清代建筑，坐东朝西，砖木结构，檐口撑拱木质雕刻保存完好。

③ 居住建筑

村落内主要为居住建筑，列于国家重点文物保护单位的有笃修堂、茂承堂、进修堂、誾然别墅、江泽涵故居、江冬秀故居。还有一些民国以前的历史建筑。

笃修堂始建于明代，清初大修，具有典型清代初期徽州建筑的特征。笃修堂是江村近代兄弟博士江绍铨、江绍原及清代光绪年间“叔侄翰林”江树昀、江希曾的祖居屋，也是清代医学家江希舜的祖居屋。大门为二柱单间三楼式牌楼门，两侧做成八字形，大门外设三级石台阶，台阶两边各设上马石、拴马柱，撑拱、驼峰、雀替、窗栏、槅扇等构件饰有精美图案，尤其是二楼天井四周设置的木栏杆，做工精细华美（图7－71至图7－74）。

图7－71　笃修堂

图 7－72　笃修堂天井四周设置的木栏杆

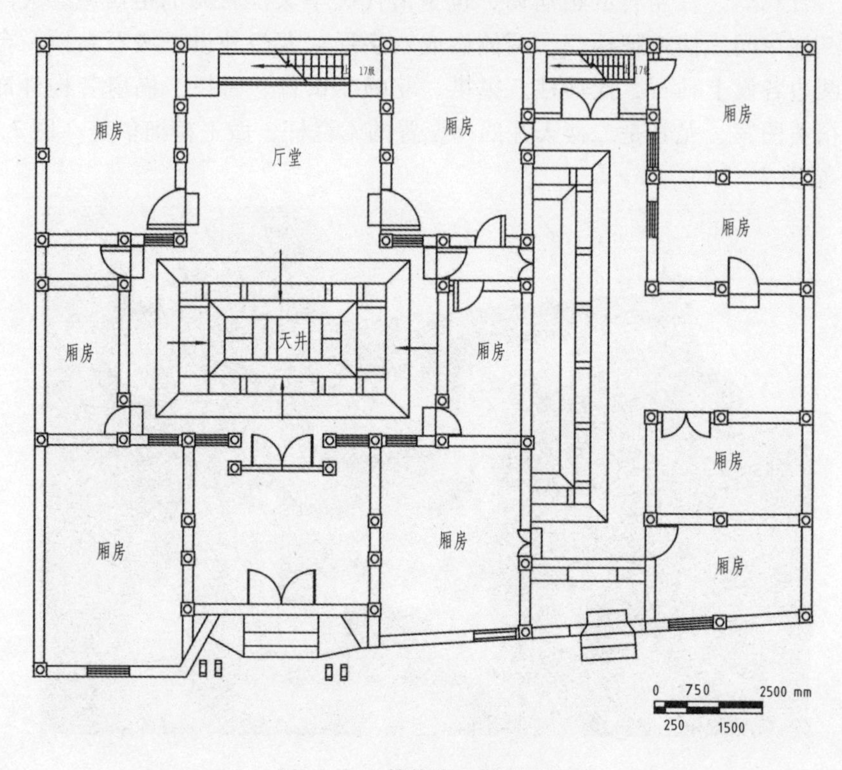

图 7－73　笃修堂一层平面图

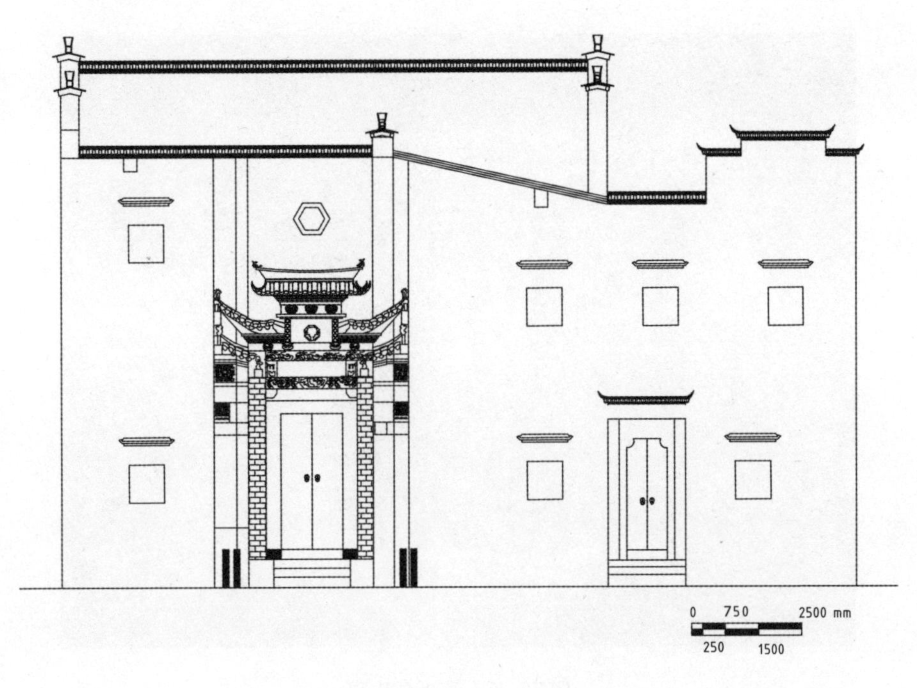

图 7－74　笃修堂立面图

茂承堂始建于明代，为民国初期黎元洪政府代理总理江朝宗的祖居，是江村现存最大的古民居（图 7－75）。大门为二柱单间三楼式砖雕牌坊，设八字墙。面阔五间，两次、梢间是房间并起楼层，厅堂明亮，用料粗大（图 7－76）。前金柱石柱础雕刻及木质装饰构件的雕刻等具有很高的历史价值（图 7－77、图 7－78）。

图 7－75　茂承堂正面

图 7-76　茂承堂内部

图 7-77　茂承堂石柱础

图 7－78　茂承堂石柱础

闇然别墅建于民国初年，是江村江氏族长江坦仁的住宅，具有中西合璧的特点，坐东朝西，砖木结构，穿斗式梁架，硬山屋顶，封砌马头墙（图 7－79、图 7－80）。

图 7－79　闇然别墅正面

图 7-80　阊然别墅侧面

（2）建筑高度

江村现状建筑以一、二层建筑为主，少量三层建筑，三层建筑主要为2000 年后新建的建筑，这与徽州古建筑高度基本一致（图 7-81）。

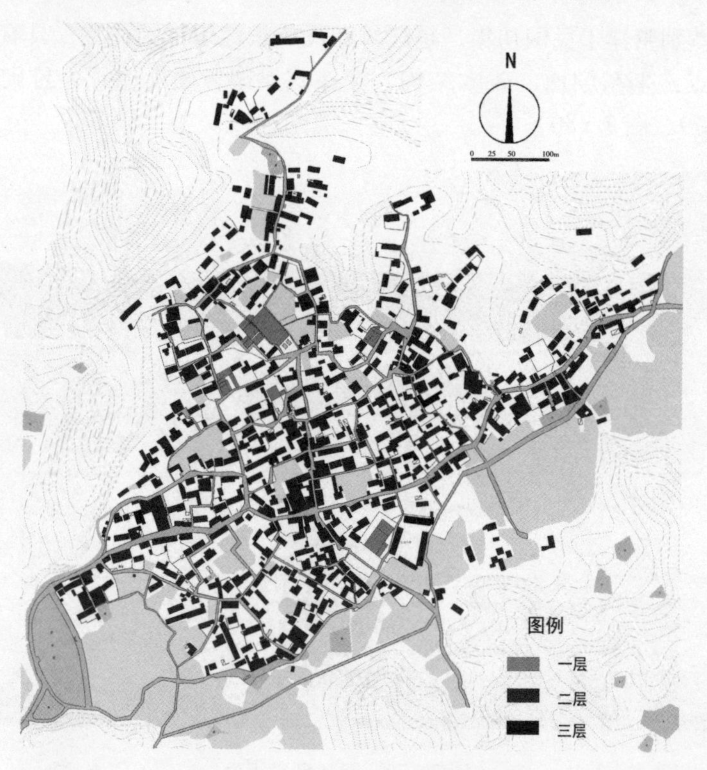

图 7-81　江村建筑高度分析图

(3) 建筑年代

江村现状建筑按年代分为明清时期建筑、民国时期建筑、新中国成立后至1980年期间的建筑以及1980年后的建筑（图7－82）。

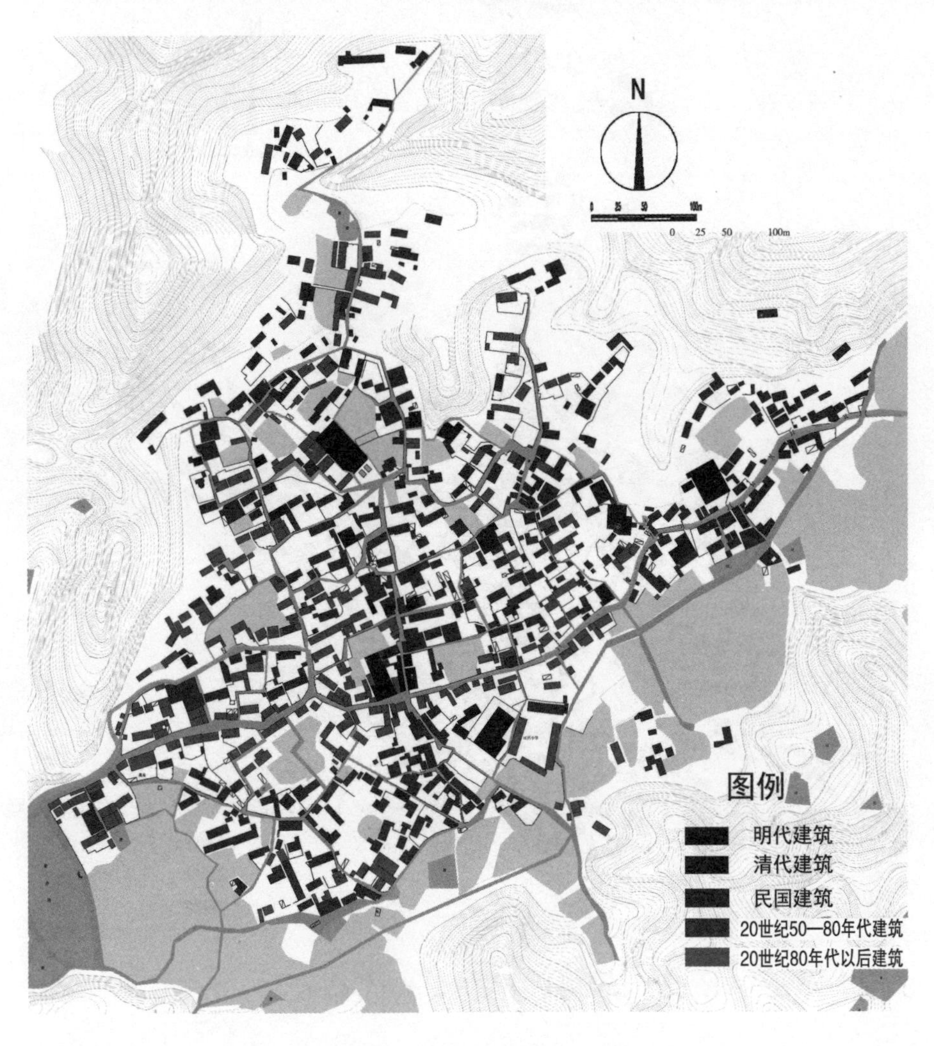

图7－82　江村建筑年代分析图

(4) 建筑质量

从江村现状建筑和使用状况进行划分，分为质量较好类、质量一般类和质量较差类（图7－83）。质量较好类是指20世纪80年代后建设的建筑，结构完整，外观整洁无损，无须修缮便可使用的建筑；质量一般类是指外观稍显陈旧，结构基本完好，经修缮维护便可继续使用的建筑；质量较差类建筑外观有明显破损，结构与围护材料已老化腐朽、岌岌可危的建筑。

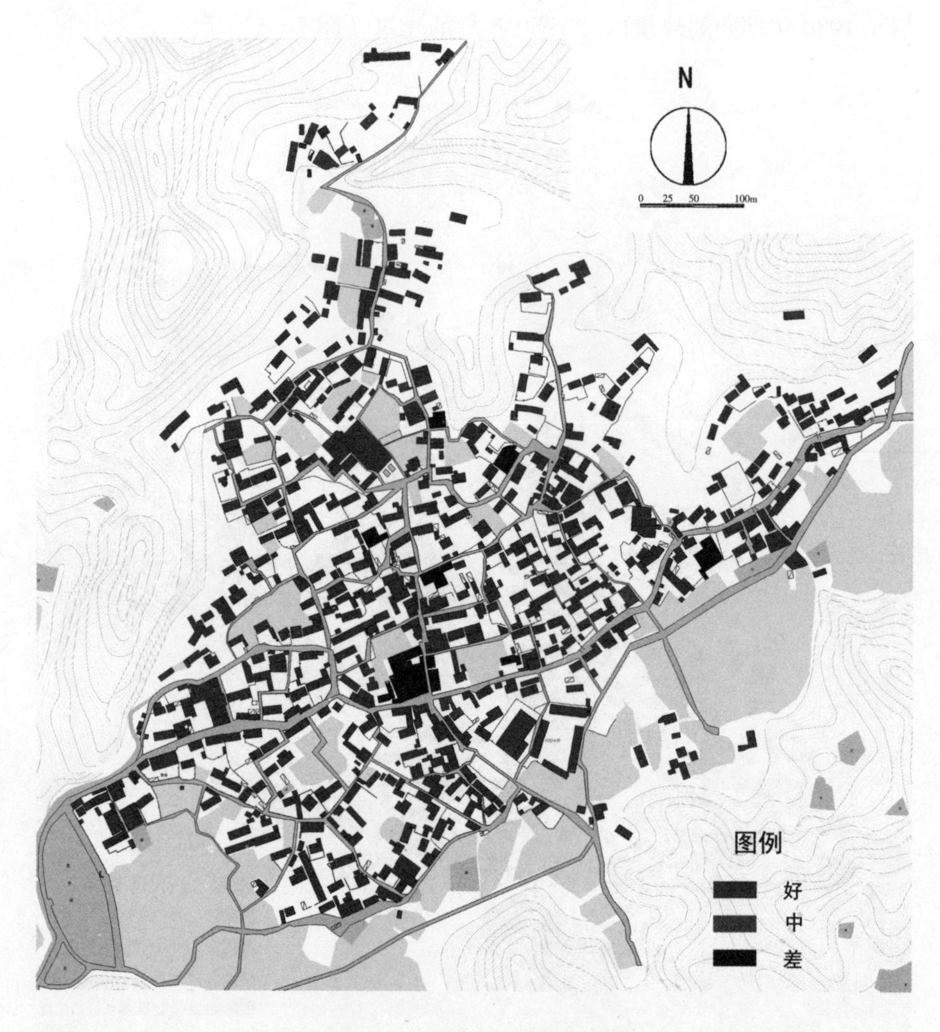

图 7-83　江村建筑质量分析图

江村房屋的建筑质量和建筑年代基本吻合，表现为 1980 年后尤其是 2000 年后建造的房屋建筑质量较好；而明清建筑中，除了经过整修后的建筑质量可达到较好类和一般类，其他未经过维修的一些历史建筑属于质量较差类。

(5) 建筑风貌

按建筑风格等形式，将建筑风貌分为三类（图 7-84），一类风貌建筑主要指具有鲜明的徽州建筑地域特色，整体或局部保存完好的1949年前的各类文物保护单位以及历史建筑；二类风貌建筑指1949年以后的建筑，具有典型的徽州建筑特征，与传统建筑风貌协调；三类风貌建筑是指1949年以后的建筑，与传统建筑风貌不一致、不协调的建筑。江村新建住宅以二、三层的砖混结构为主，大部分采用新徽派的建筑风格，与传统建筑的风貌一致。

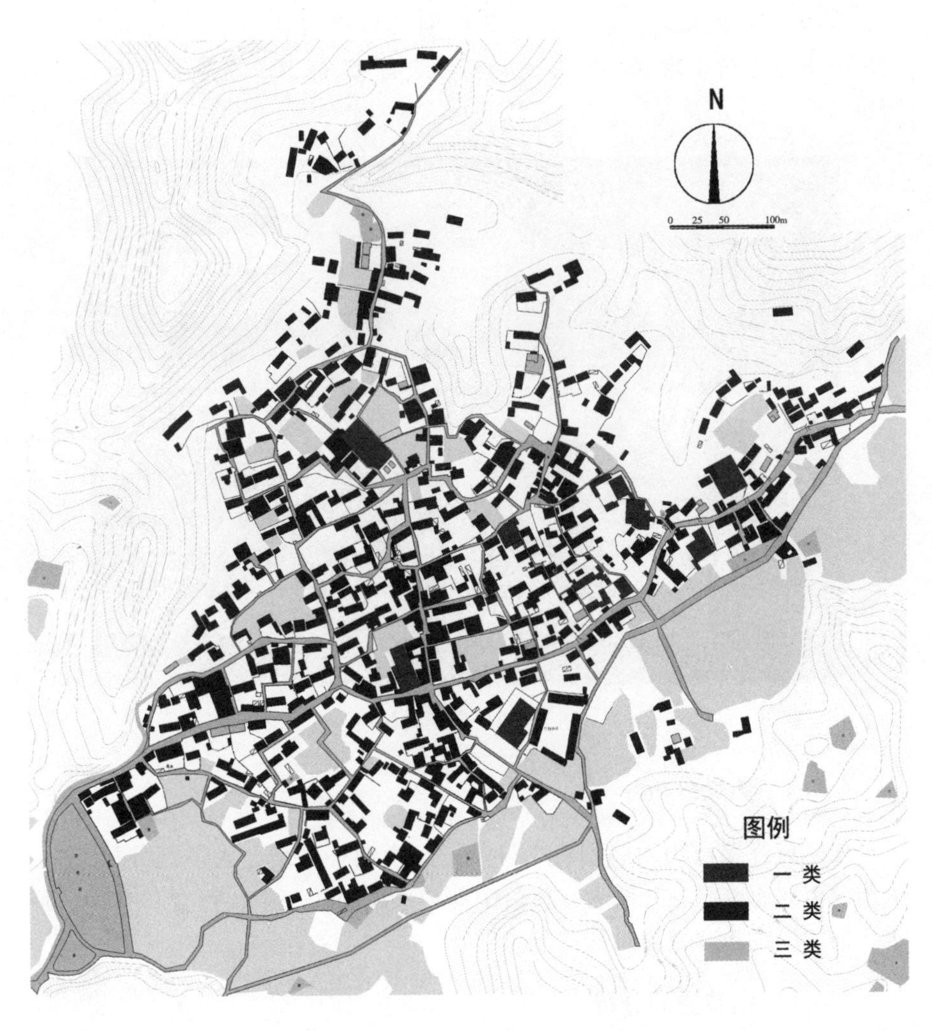

图7－84　江村建筑风貌分析图

7.4 朱旺村

朱旺村为中国第三批传统村落，2012 年被列为省级文物保护单位。该村位于安徽省旌德县蔡家桥镇东北部，距离镇政府不足一公里。朱旺村原名钟汪村，始建于隋末唐初，有朱、汪、方、吕、钟、刘等姓，朱姓为主，为南宋理学家朱熹后裔。清朝中期（1777 年左右）改称为朱旺村（图 7－85）。村中现保存完好的明清建筑有 47 栋，“九井十三桥”最具特色。

图 7－85　朱旺村村口

7.4.1 选址分析

朱旺村背靠群山，周围青山环绕，东南地势平坦，大溪河环村而过，朱溪河由北而南穿村，两者在村落南部与大溪河相交汇，符合“枕山、环水、面屏”的古村落选址风水理念。

7.4.2 街巷空间分析

（1）等级结构分析

朱旺村对外交通为村口县道蔡大公路。朱旺村由交通性街道、生活性巷道、附属备弄组成，三级道路系统互相交织，形成完整的街巷体系，现保留了传统街巷肌理（图7－86）。主街为水街（图7－87、图7－88），是一条南北向的长街，贯穿全村，总长约1000米，宽度2～3.5米，水街两岸依次排列着古民居和店铺，历史上几个著名商号，比如经营中药材的“兴隆号”、经营当铺的“菜子号”、经营土特产的“乾元号”都位于水街两侧，二、三级街巷沿主街分布，形成鱼骨状的总体街巷格局。古色古香的街道和两侧建筑构成了一个宽高比为1∶1.5至1∶3的街道空间，街巷大多狭窄曲折（图7－89至图7－91）。

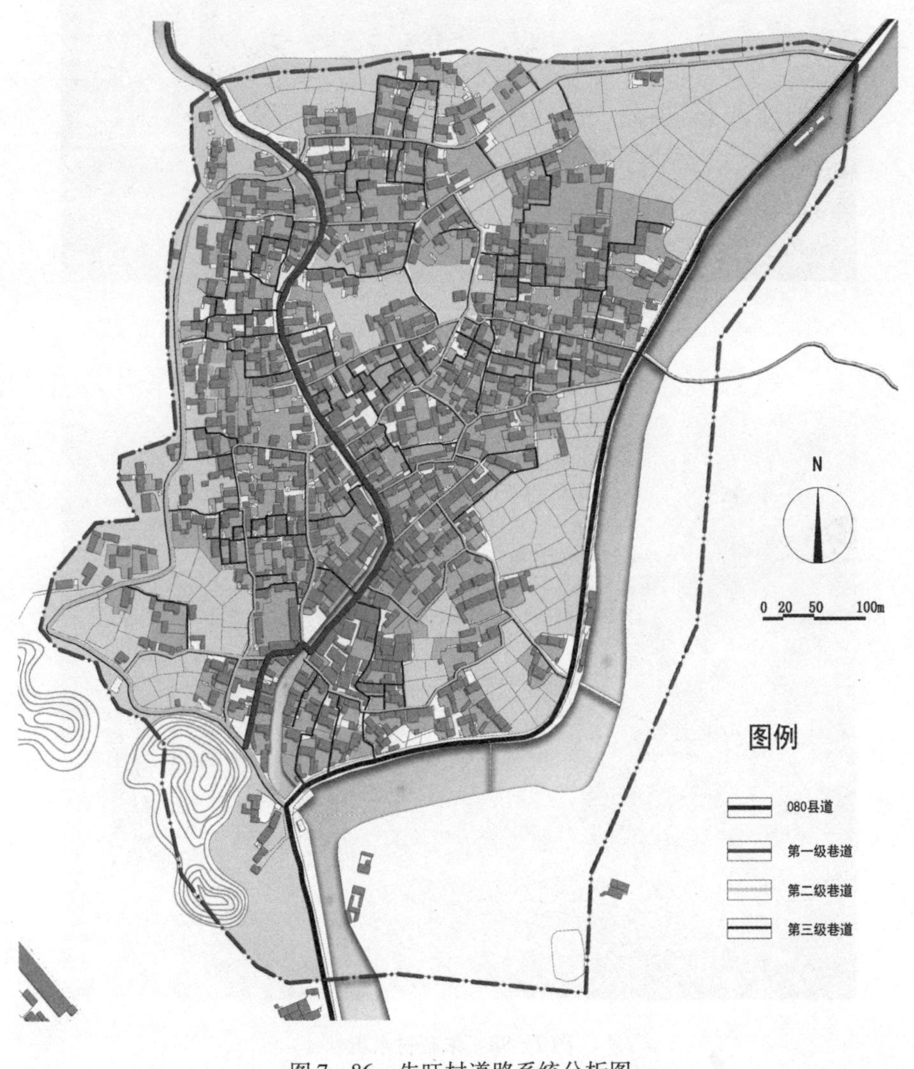

图7－86　朱旺村道路系统分析图

图 7 - 87　朱旺村水街

图 7 - 88　朱旺村水街

图 7－89　朱旺村传统街巷

图7-90　朱旺村传统街巷

朱旺村保留的街巷基本为石板铺地；朱溪河左右两边的古巷石板铺装排列方式不一样，河东边街道呈竖条状排列，西边街道呈横条状排列（图7-92）。东边街道作为一条交通性主街道，沿街有店铺，人流、车流量大，竖条状排列便于小货车前行，且每隔一段距离设置便于让车的悬挑石板（图7-93）；西边街主要为生活性街道，居住的多为富贵之人，走路要走官步，一步一脚印，因而石板是横着排列的。铺装方式的不同既考虑到功能的合理性，又暗含些许等级差异性。

图7-91　朱旺村传统街巷

图 7－92　朱旺村街巷铺地方式的不同考虑功能又暗含等级性

图 7－93　朱旺村街巷铺地方式的不同考虑功能又暗含等级性

(2) 节点分析

① 节点互通性分析

朱旺村保存的明清古建筑数量、质量无法跟宏村、西递相比，但通过对朱旺村街巷节点的互通性分析，发现朱旺村街巷符合徽州传统村落街巷共性的特点，村内尽端道路极少，两条及两条以上的街道主要形成互通性节点，连通性很好，虽然道路曲折多变，纵横交错，却相互连通（图7－94）。

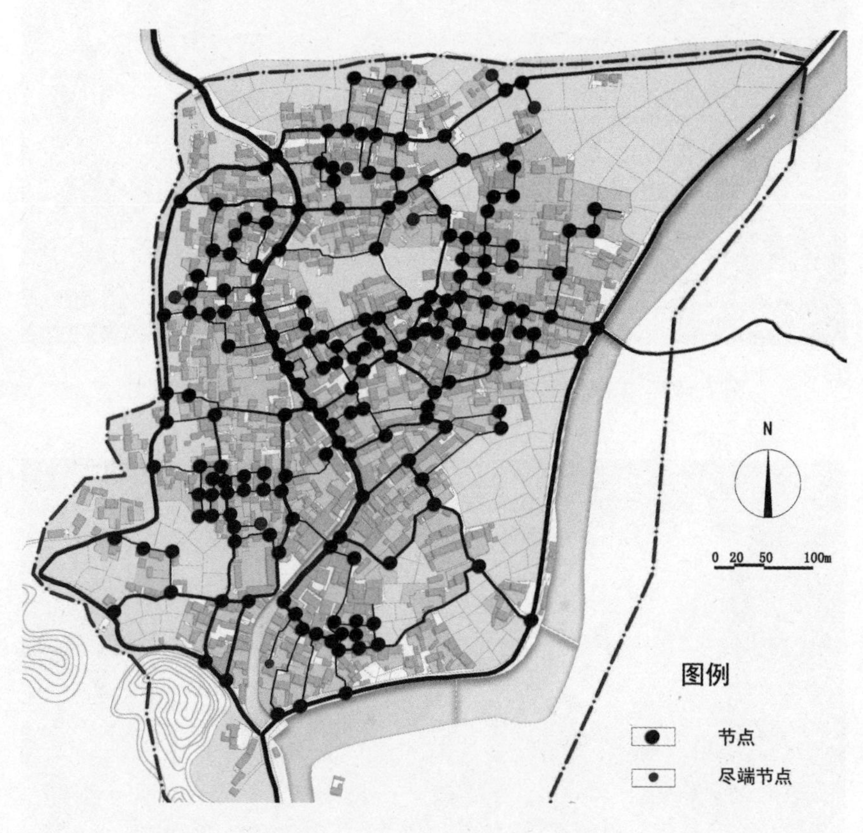

图7－94 朱旺村道路互通性分析

② 交叉口分析

朱旺村的交叉口主要有十字交叉、T字交叉、L字交叉、Y字交叉、十字错位交叉和工字交叉这几类（图7－95）。通过对交叉口的类型、数量分析，发现T字交叉、Y字交叉、L字交叉数量最多，分别占到42.2%、21.4%和20.4%，工字交叉和十字交叉数量少，分别占到3.5%、3.1%，符合徽州传统村落交叉口特点。

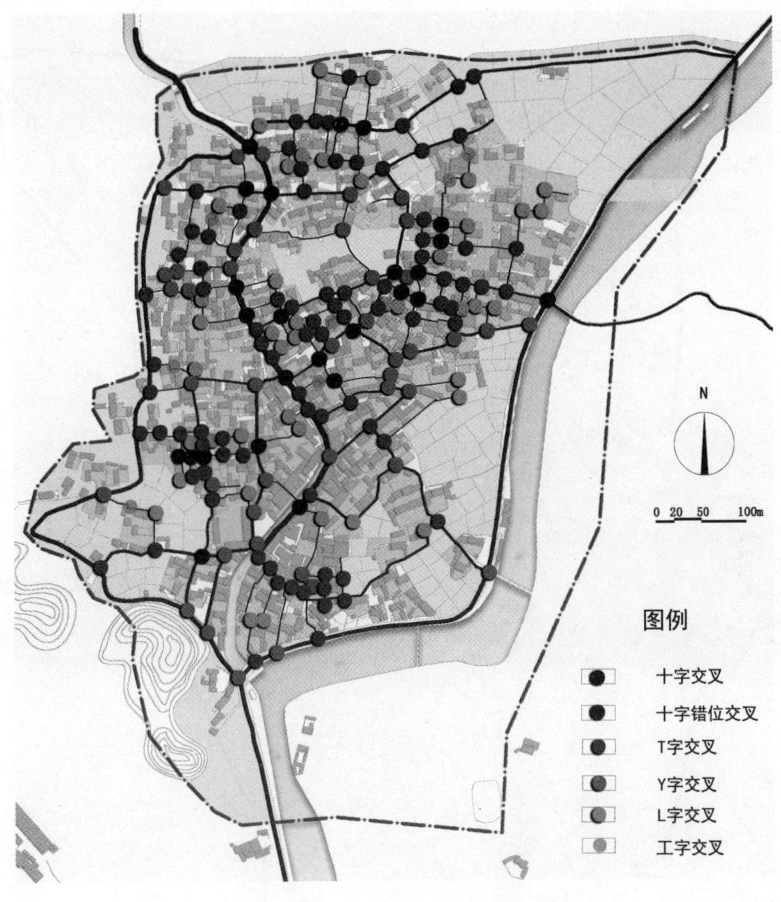

图 7－95　朱旺村交叉口类型图

7.4.3　村落之间建筑布局

(1) 建筑分析

朱旺村建筑大部分为民居，现保留明清建筑 47 栋（图 7－96），其中商业建筑为清末民初的朱氏莱子号当铺、清代书院建筑皋山书院和清道光六年建的豫立义仓。47 栋建筑中有省级文物保护单位垂裕堂、绍训堂，县级文物保护单位豫立义仓、官厅、当铺、二十四葵花堂、皋山书院、五子登科楼等。

① 公共建筑

明清时设宗祠两座，为承启堂和萃涣堂。萃涣堂的规模比承启堂大，门前是麻石铺的大平坦，沿着朱溪河边设有一排整齐的荷花石柱雕栏。两座祠堂都已被毁，萃涣堂的基础仍在，现已改成小学。现保存的公共建筑

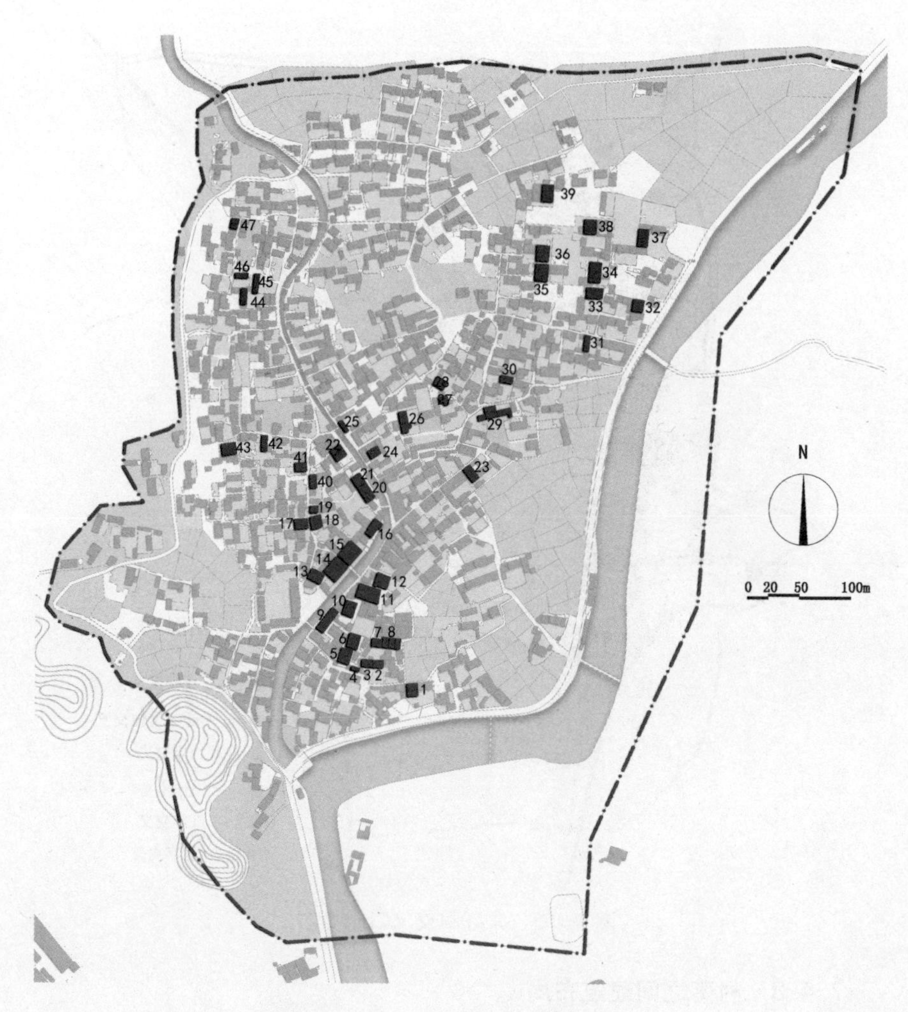

图 7－96　朱旺村 47 栋明清建筑布局

有凫山书院和豫立义仓。

凫山书院建于清朝乾隆十三年（1748），位于朱旺村河东片。坐北朝南，砖木结构，进深 12.3 米，面阔 14 米，建筑面积为 172.2 平方米。东侧上下两层，侧二层三厢房当时为书屋，西侧为一层，中间为天井，书院斜撑、窗花雕刻精细，屋顶瓦件破损漏水，造成横梁腐烂。

豫立义仓建于清道光六年（1827），位于萃涣堂的对面，长 25 米，宽 7.8 米，建筑面积 195 平方米。其坐东朝西，砖木结构，内有记载当时捐资人的姓名及银两数目的“创捐豫立义仓碑记”石碑一块，为储存救灾货物之用（图 7－97）。

图 7－97　豫立义仓

② 商业建筑

商业主要沿水街进行布置，为一些小店铺，历史上著名的商号有经营中药材的“兴隆号”、经营当铺的“菜子号”、经营土特产的“乾元号”。其中朱氏菜子号当铺保留基本完好，位于朱旺村河西片老街上，官厅的对面，建于清末民初，坐东朝西，砖木结构，进深 11.35 米，宽 12.3 米，面积 139.6 平方米。前后两进一天井，原前厅南侧为杂货店，北侧为药铺，大门楼檐撑拱保存完好（图 7－98）。

图 7－98　朱氏菜子号当铺

③ 居住建筑

朱旺村主要建筑为民居建筑，44 栋明清民居，其中垂裕堂和绍训堂为省级文物保护单位，两栋建筑以街巷相隔开，独立又互为一体（图 7－99）。官厅、二十四葵花堂、五子登科楼为县级文物保护单位。

图 7－99　垂裕堂和绍训堂独立又互为一体

垂裕堂晚清建筑，砖木结构，面阔五间，中部及两边各设天井（图 7－100、图 7－101），结构为抬梁、穿斗混合使用，木窗、花格子、雀替、驼峰、木栏杆等都有精美的雕刻。

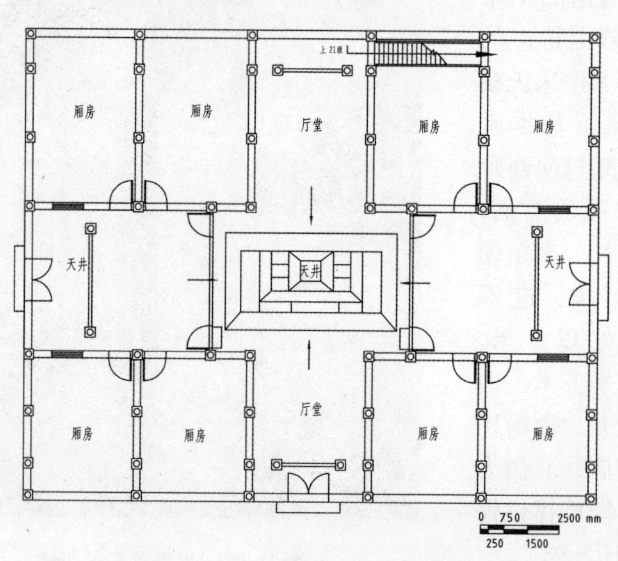

图 7－100　垂裕堂一层平面图

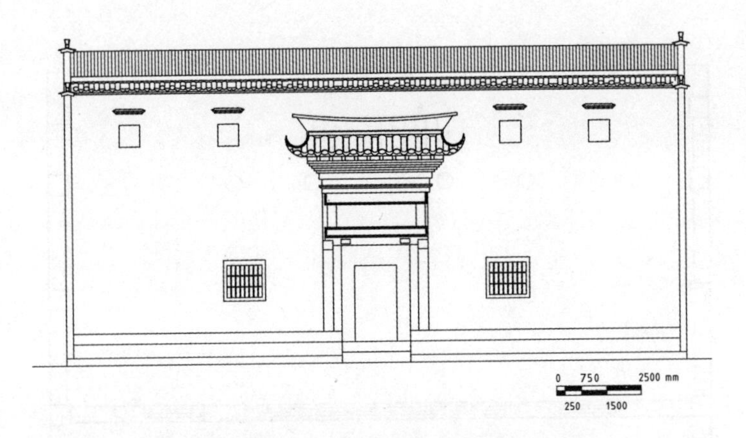

图 7－101　垂裕堂立面图

官厅为县级文物保护单位，始建于清末，最初是用来接待县令以上官衔人员的场所，平面为典型的“回”形平面，属于小四合式，面阔三间，典型的徽州民居（图 7－102、图 7－103），大门上镶有一块纯正的汉白玉。

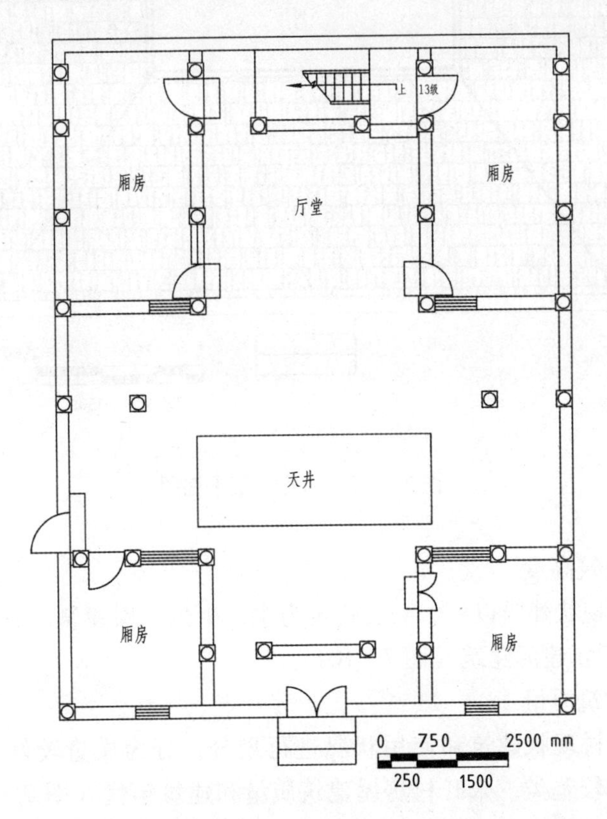

图 7－102　官厅一层平面图

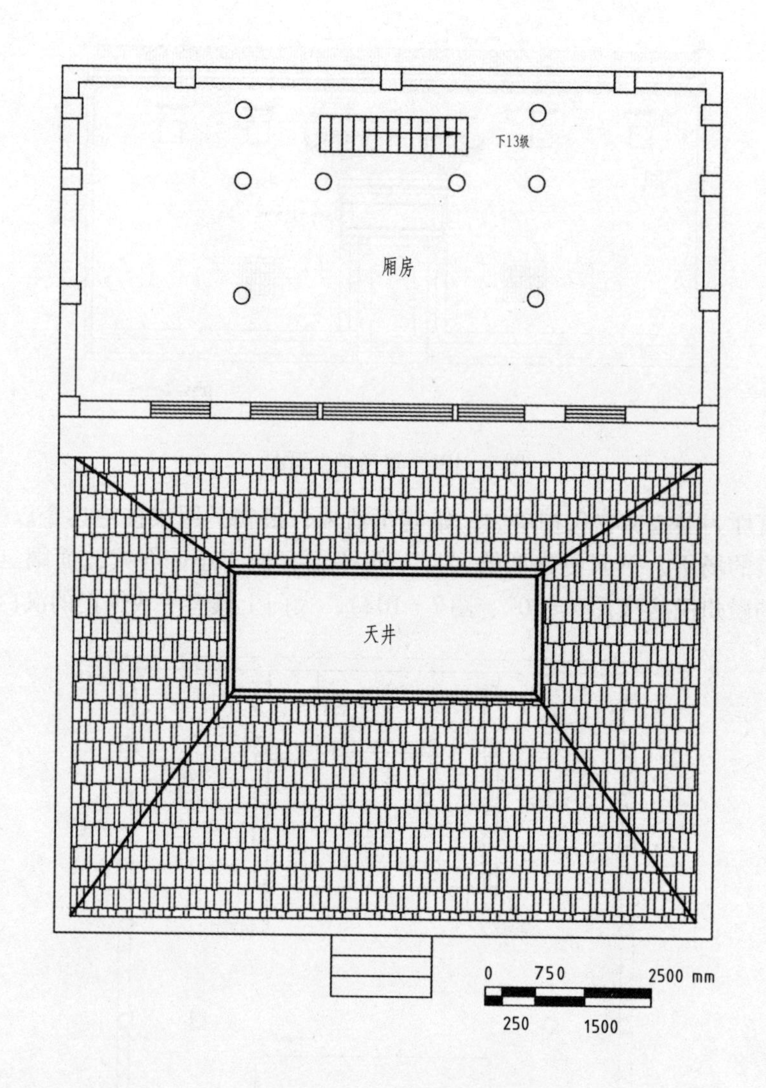

图 7－103　官厅二层平面图

（2）建筑高度

朱旺村现状建筑以一、二层建筑为主，少量三层建筑，三层建筑主要为 2000 年后新建的建筑（图 7－104）。

（3）建筑质量

从朱旺村现状建筑和使用状况进行划分，分为质量较好类、质量一般类和质量较差类。朱旺村房屋建筑质量和建筑年代（图 7－105）基本吻合，表现为 1980 年后尤其是 2000 年后建造的房屋建筑质量较好；而

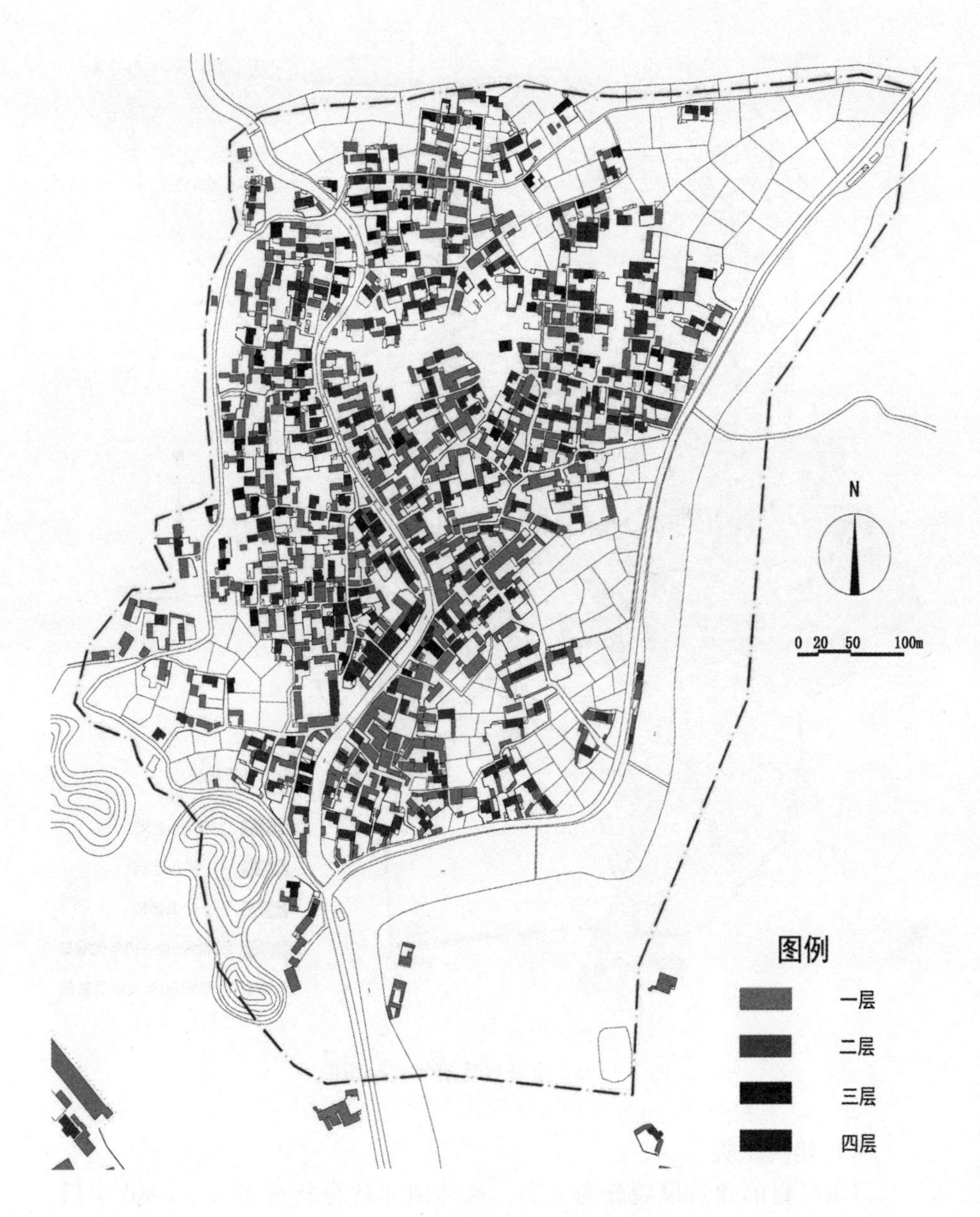

图 7－104　朱旺村建筑高度分析图

明清建筑中，除了经过整修后的建筑如绍训堂、垂裕堂等建筑质量可达到较好类和一般类，其他大部分属于质量较差类，保护历史建筑的任务艰巨。

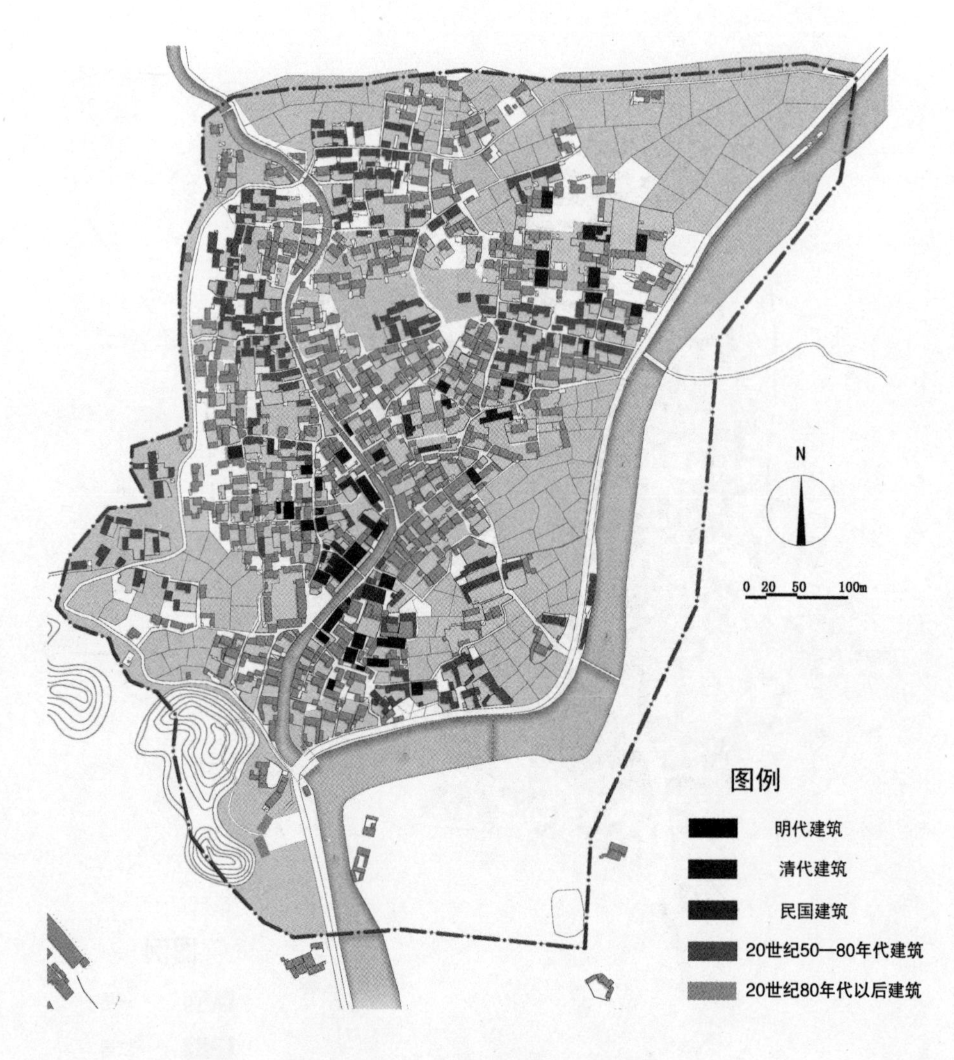

图 7－105 朱旺村建筑年代分析图

（4）建筑风貌

将朱旺村的建筑风貌分为三类，从建筑年代分析图可知，1980 年后的建筑居多，主街两侧建筑大多具有典型的徽州建筑特色，基本属于一类、二类建筑。但村落北侧和东西两侧存在不少新建的与传统建筑风貌不一致的三类建筑，以二、三层的砖混结构为主，具有现代感的瓷砖、铝合金、琉璃瓦等装饰材料以及艳丽色彩的使用，对传统村落风貌造成了破坏（图 7－106）。

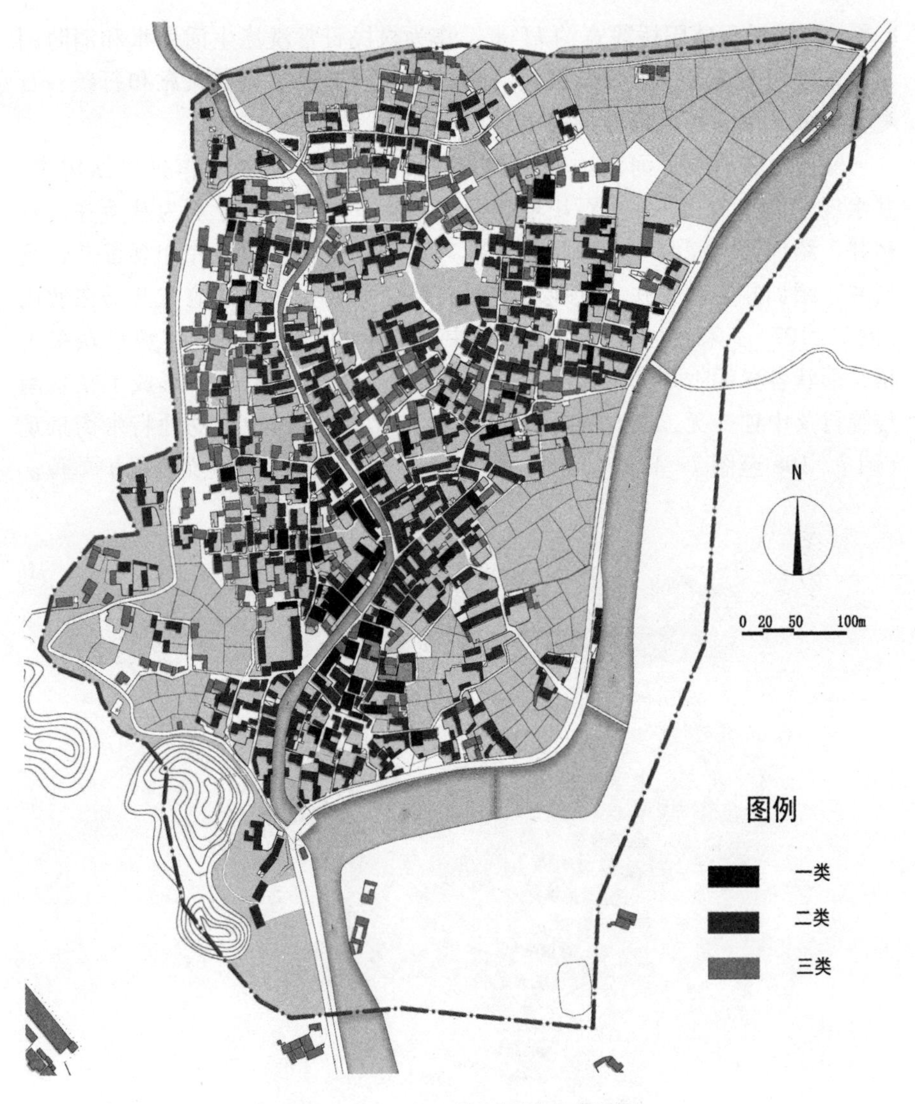

图 7－106 朱旺村建筑风貌分析图

7.4.4 古井古桥分析

朱旺村朱溪河由北而南穿村而过，桥梁众多，河上共架 13 座由 3 条或 4 条巨大麻石条搭成石板桥，从村口依次分别为紫阳桥、顺成桥、垂裕桥、潭溪桥、兴隆桥、顺兴桥、三房桥、五丰桥、四房桥、万丰桥、龙溪桥、承启桥和观音桥（图 7－107）。朱溪河南北两端较宽，中间窄，观音桥至万丰桥段宽约 8 米，万丰桥至潭溪桥段宽约 4 米，潭溪桥至顺成桥段宽约

8 米，顺成桥至紫阳桥段宽约 11 米，作为村民日常洗涤生活用水和消防用水。朱溪河两边是古老青石板路，路边沿河设置凉亭、美人靠和石条、石凳，构成了朱旺村风景独特的水街。

除此，古桥下、河水边还设置古井，共 9 口，主要用作村民饮用水，井水现今仍清澈。古井用石块堆砌而成，从下游到上游分别为萃涣井、垂裕井、绍训井、潭溪井、兴隆井、顺兴井、三房井、四房井和观音井，垂裕井、绍训井为私有井，其他均为公共井，除观音井，其他古井仍在使用（图 7－107）。朱旺村依山傍水，村中有清澈的河流，河上有数目众多古桥，形状各异的古井卧于河中，井水四季清澈，冬暖夏凉，形成了在皖南传统村落中独一无二的“井水不犯河水”“九井十三桥”的独特水街景观（图 7－108 至图 7－122）。“九井十三桥”被列为省级重点文物保护单位。

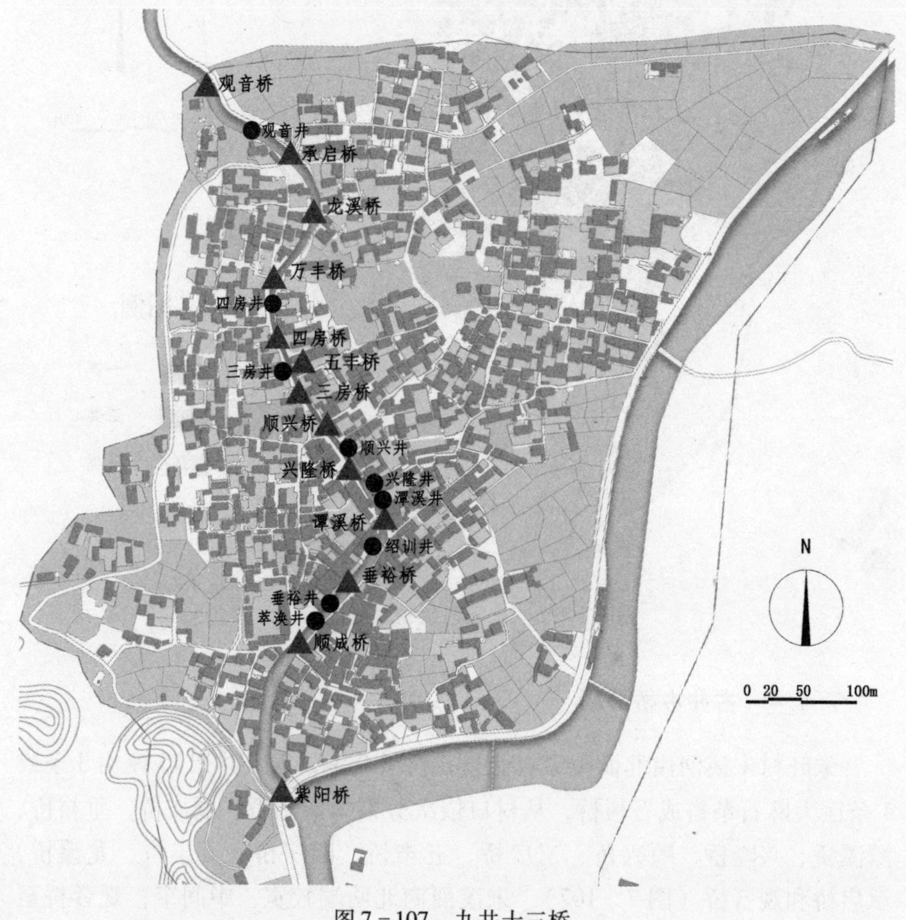

图 7－107　九井十三桥

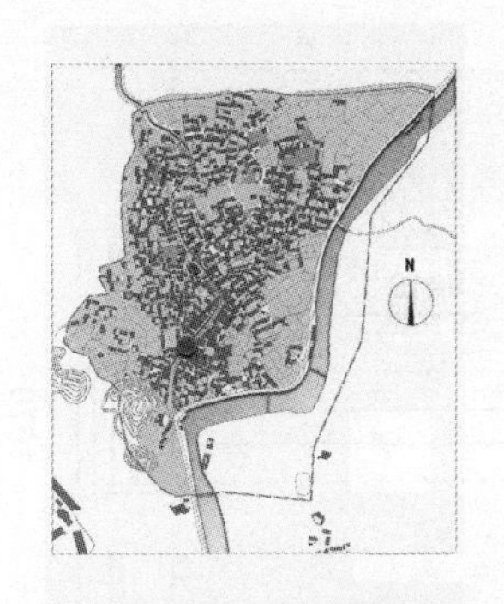

顺成桥在朱旺村的位置

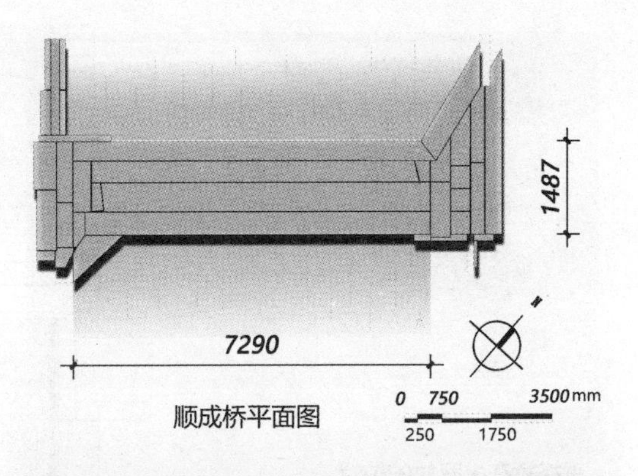

顺成桥平面图

顺成桥

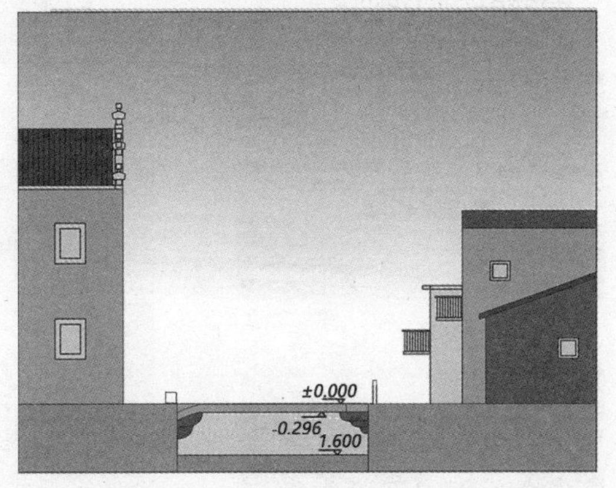

顺成桥

顺成桥立面图

顺成桥

顺成桥

图 7－108　九井十三桥——顺成桥

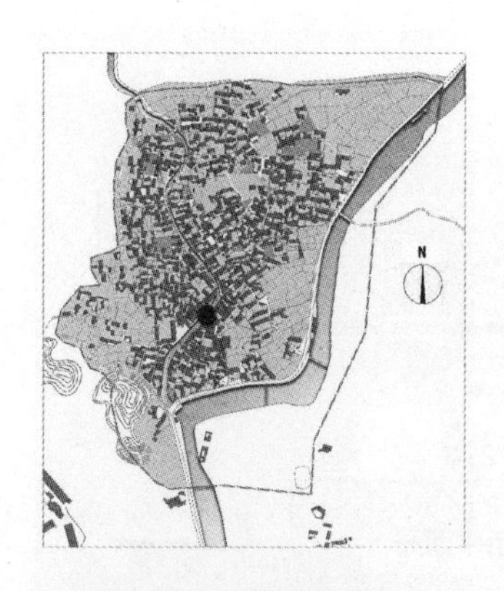

垂裕桥在朱旺村的位置

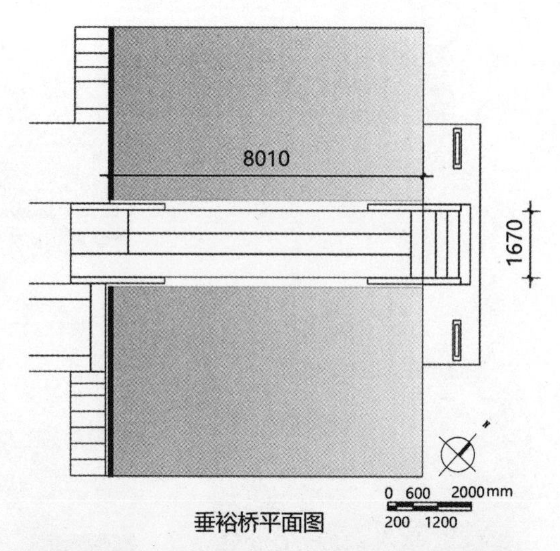

垂裕桥平面图

垂裕桥

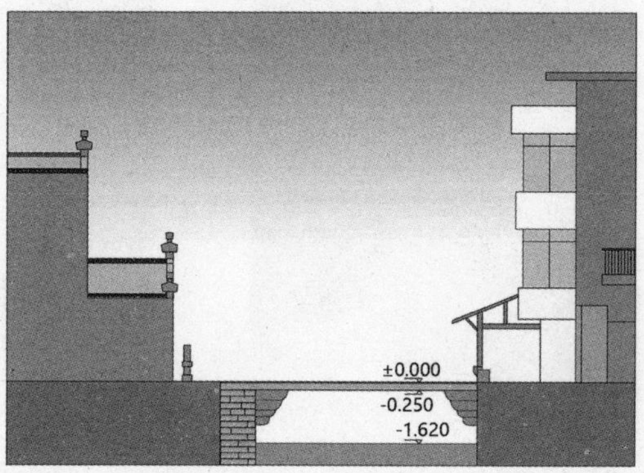

垂裕桥立面图

垂裕桥

垂裕桥

垂裕桥

图 7 - 109　九井十三桥——垂裕桥

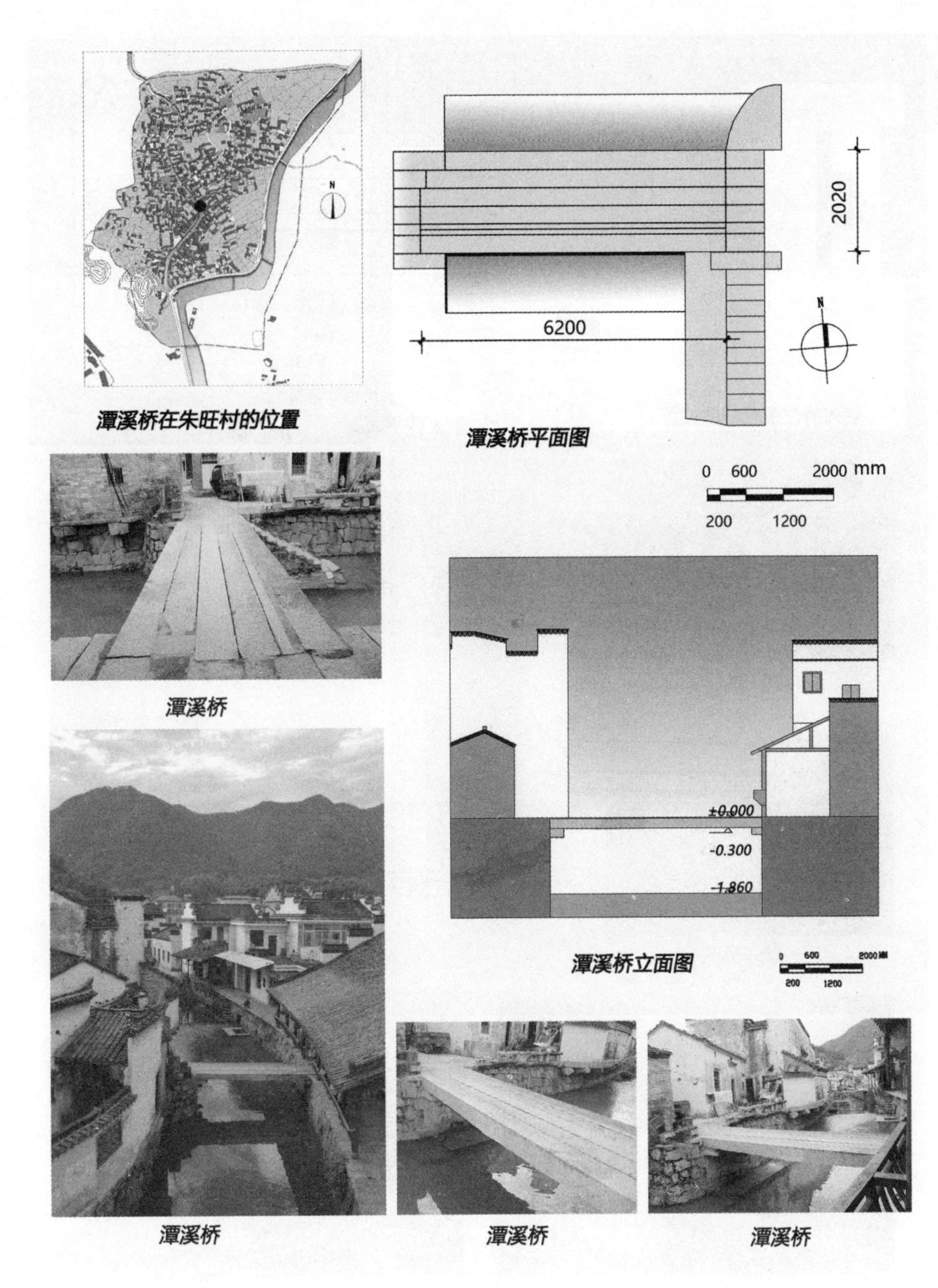

图 7－110　九井十三桥——潭溪桥

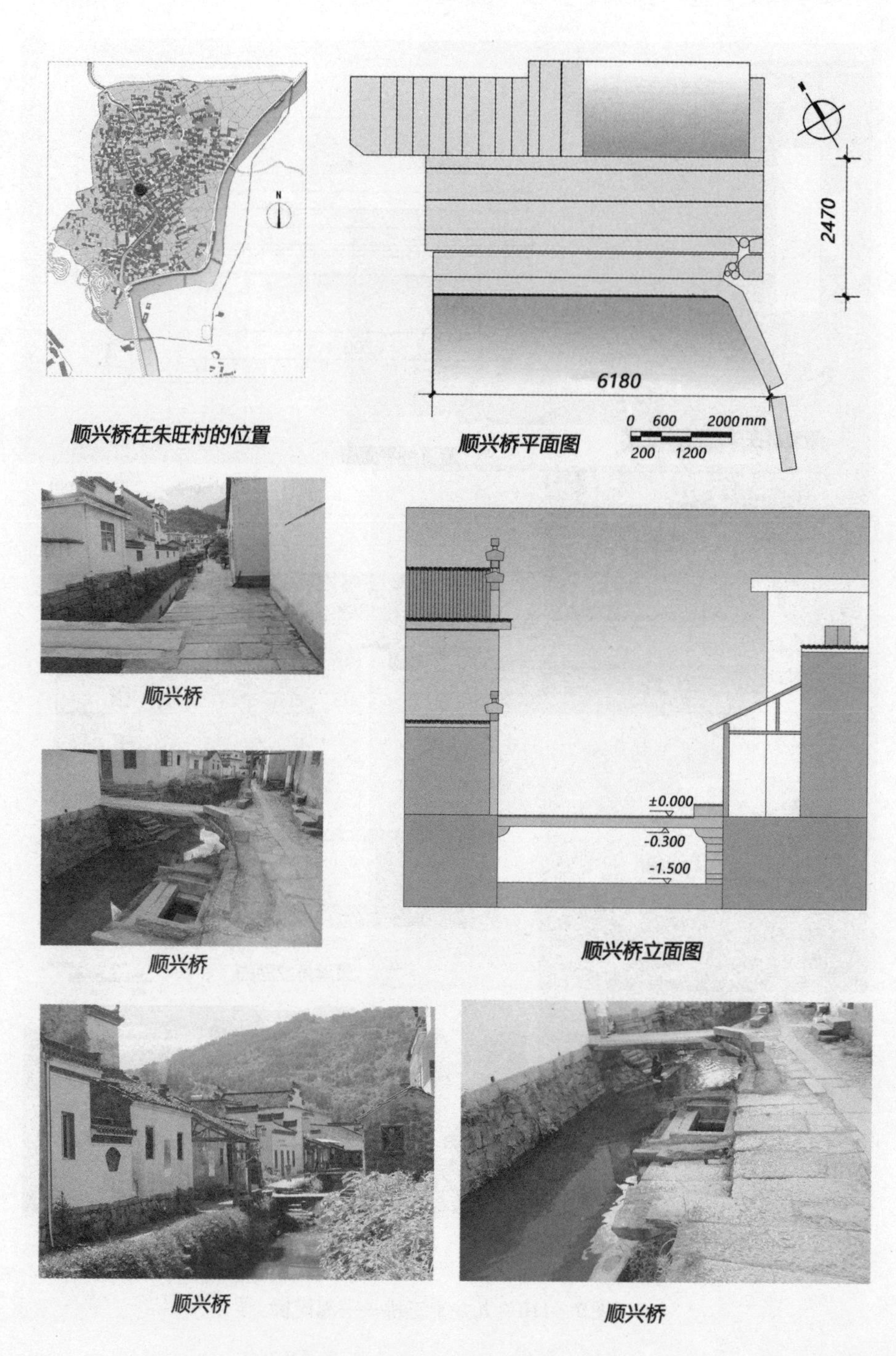

图 7－111　九井十三桥——顺兴桥

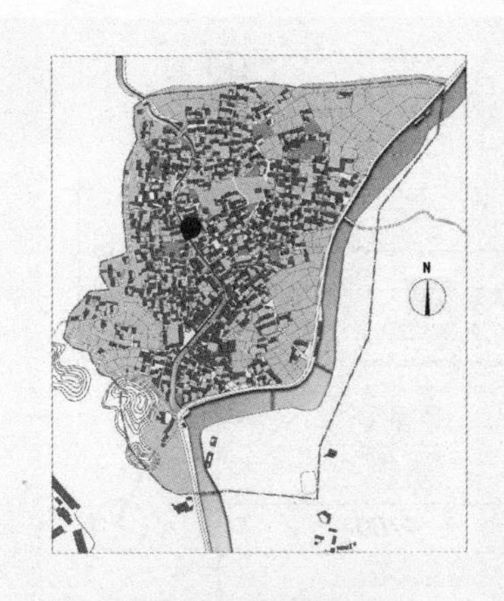

三房桥在朱旺村的位置

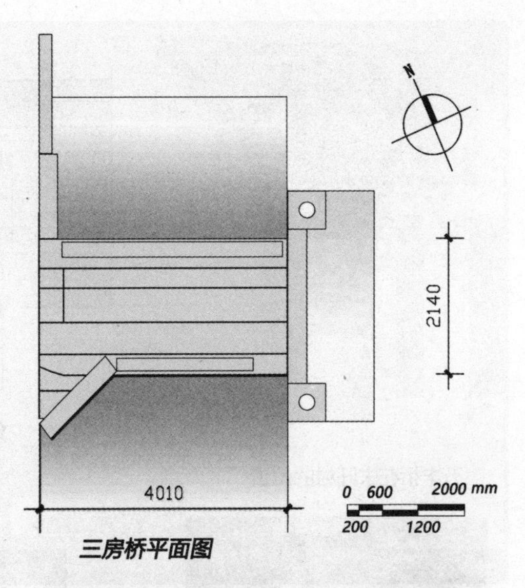

三房桥平面图

三房桥

三房桥

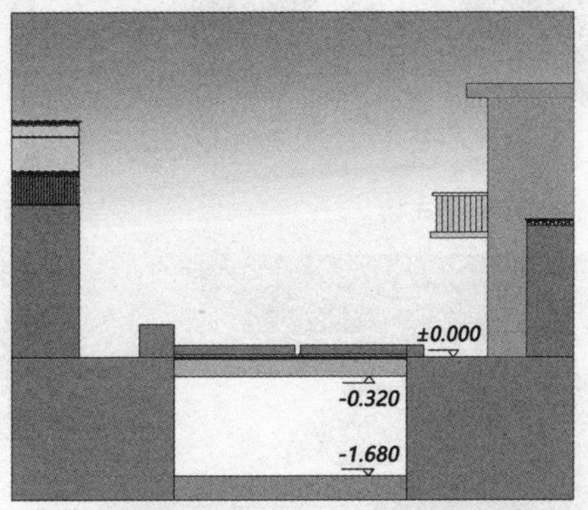

三房桥立面图

三房桥

三房桥

图 7－112　九井十三桥——三房桥

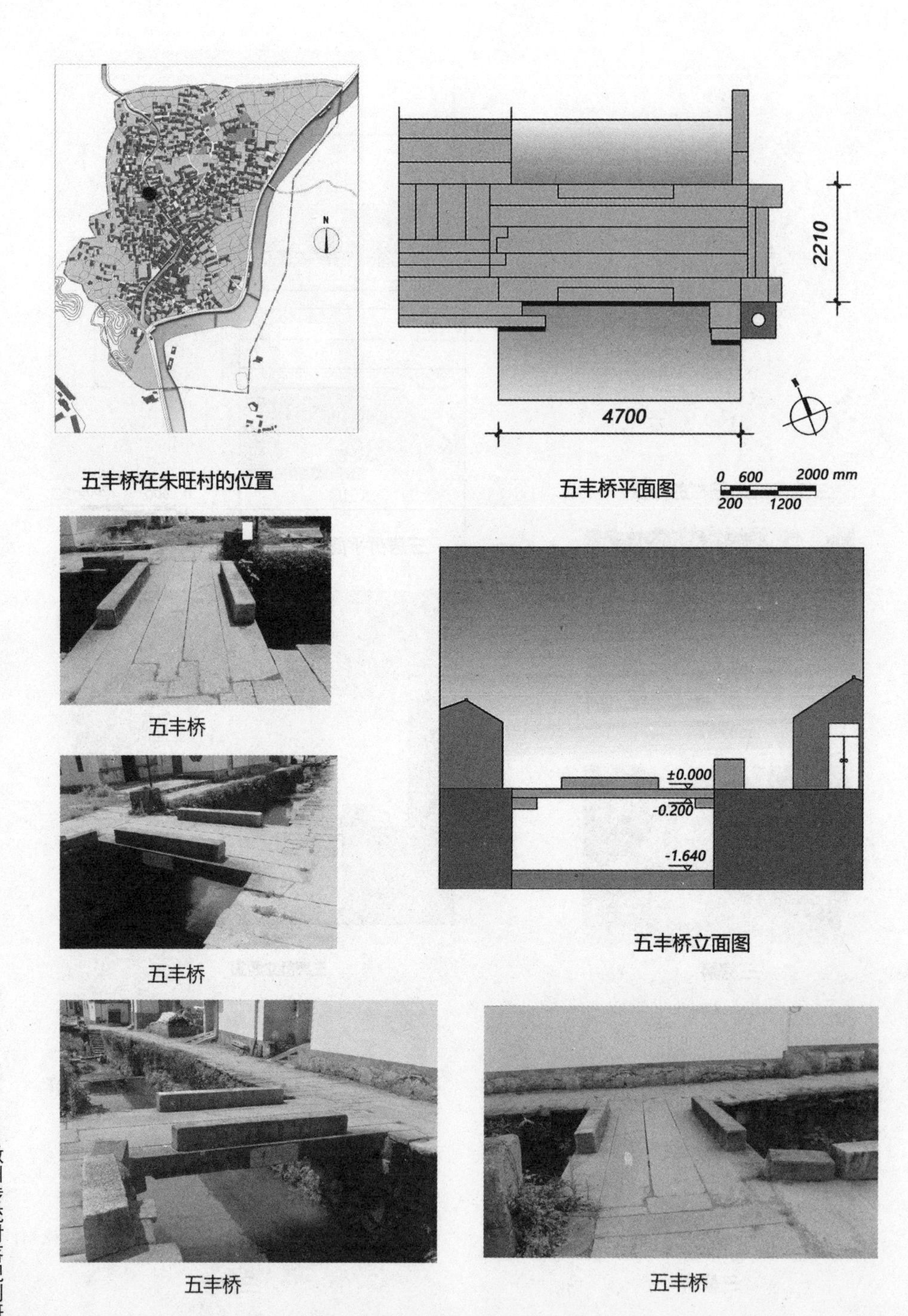

五丰桥在朱旺村的位置

五丰桥平面图

五丰桥

五丰桥

五丰桥立面图

五丰桥

五丰桥

图 7－113　九井十三桥——五丰桥

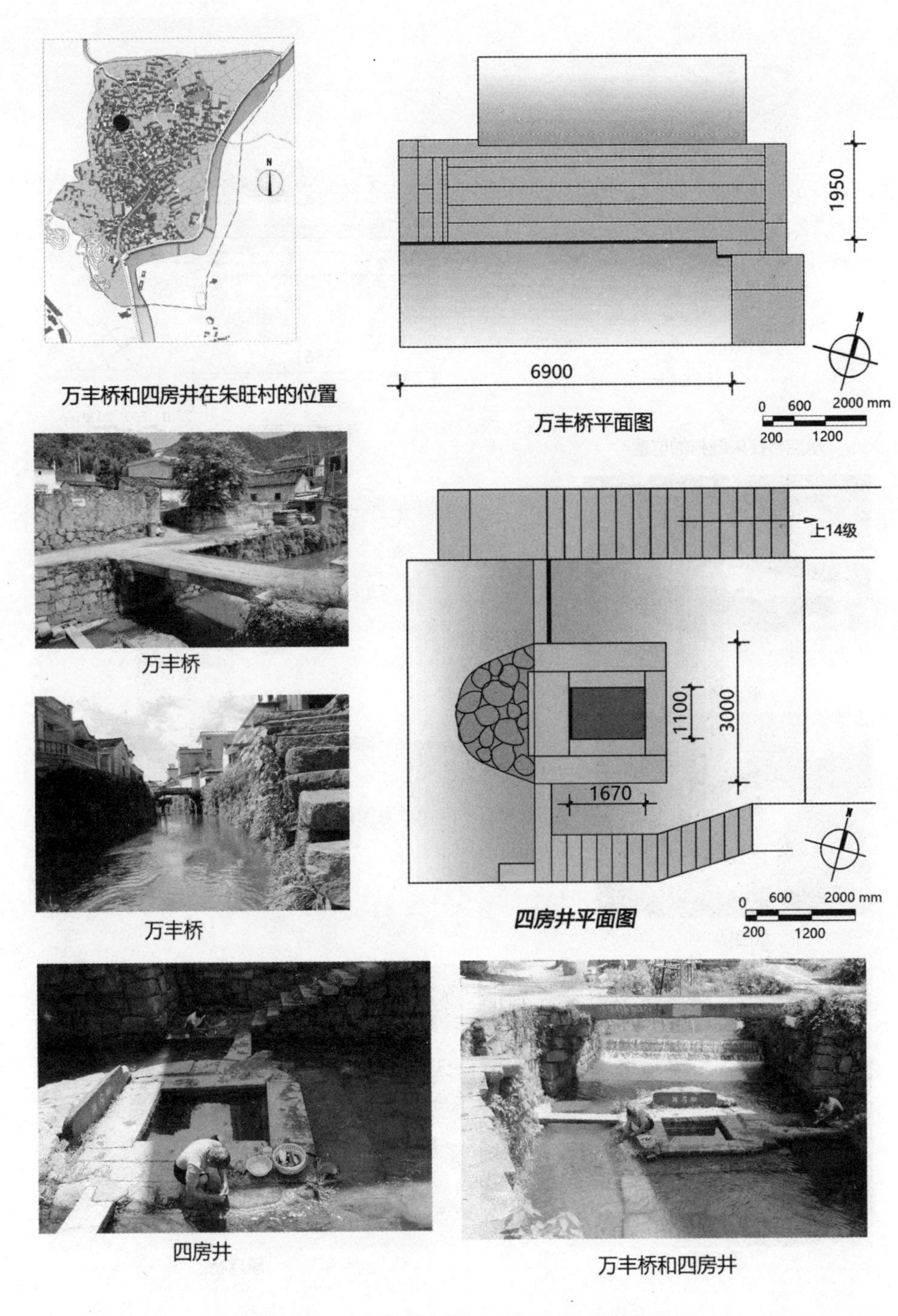

图 7-114　九井十三桥——万丰桥和四房井

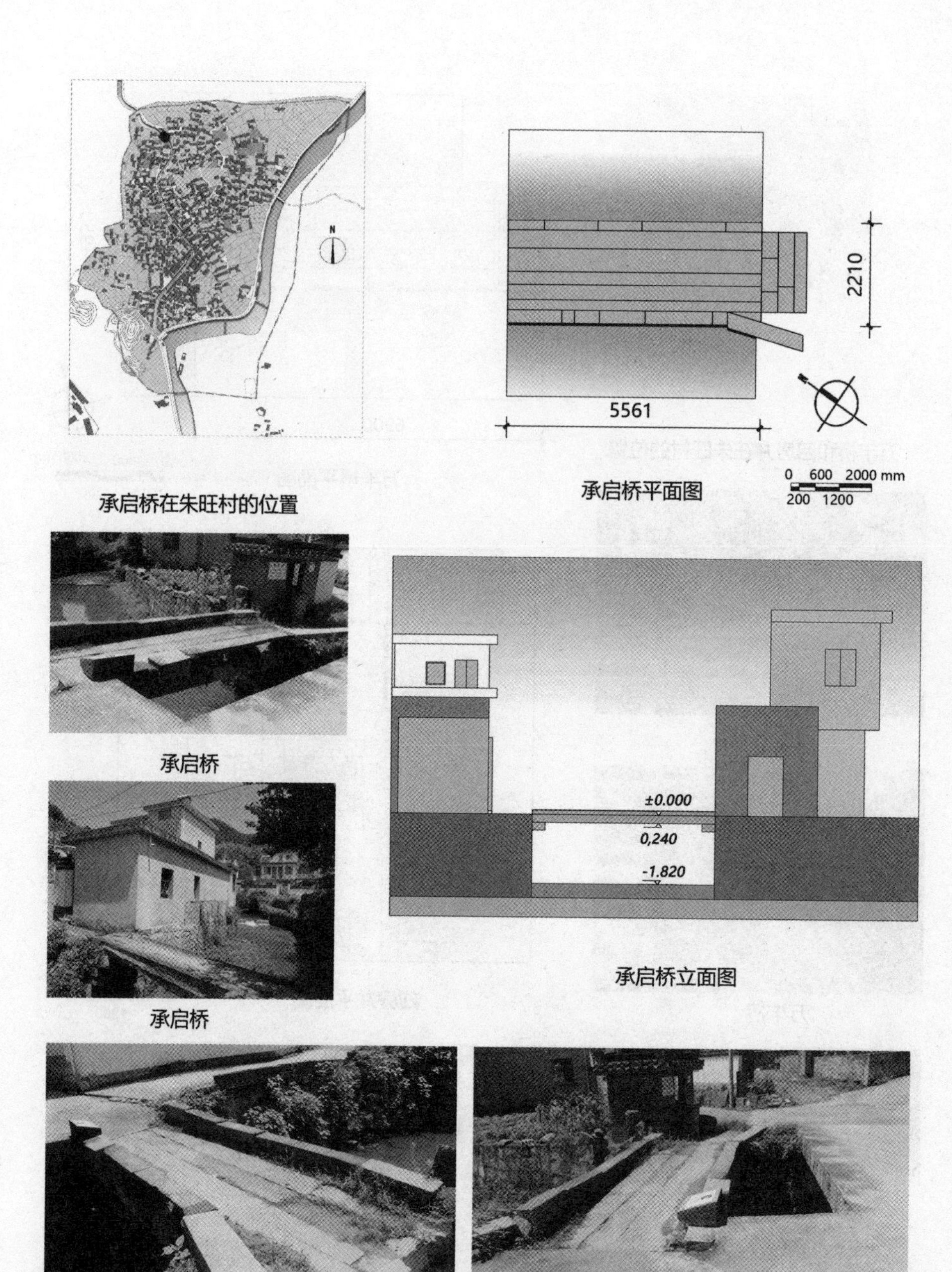

图 7－115　九井十三桥承启桥

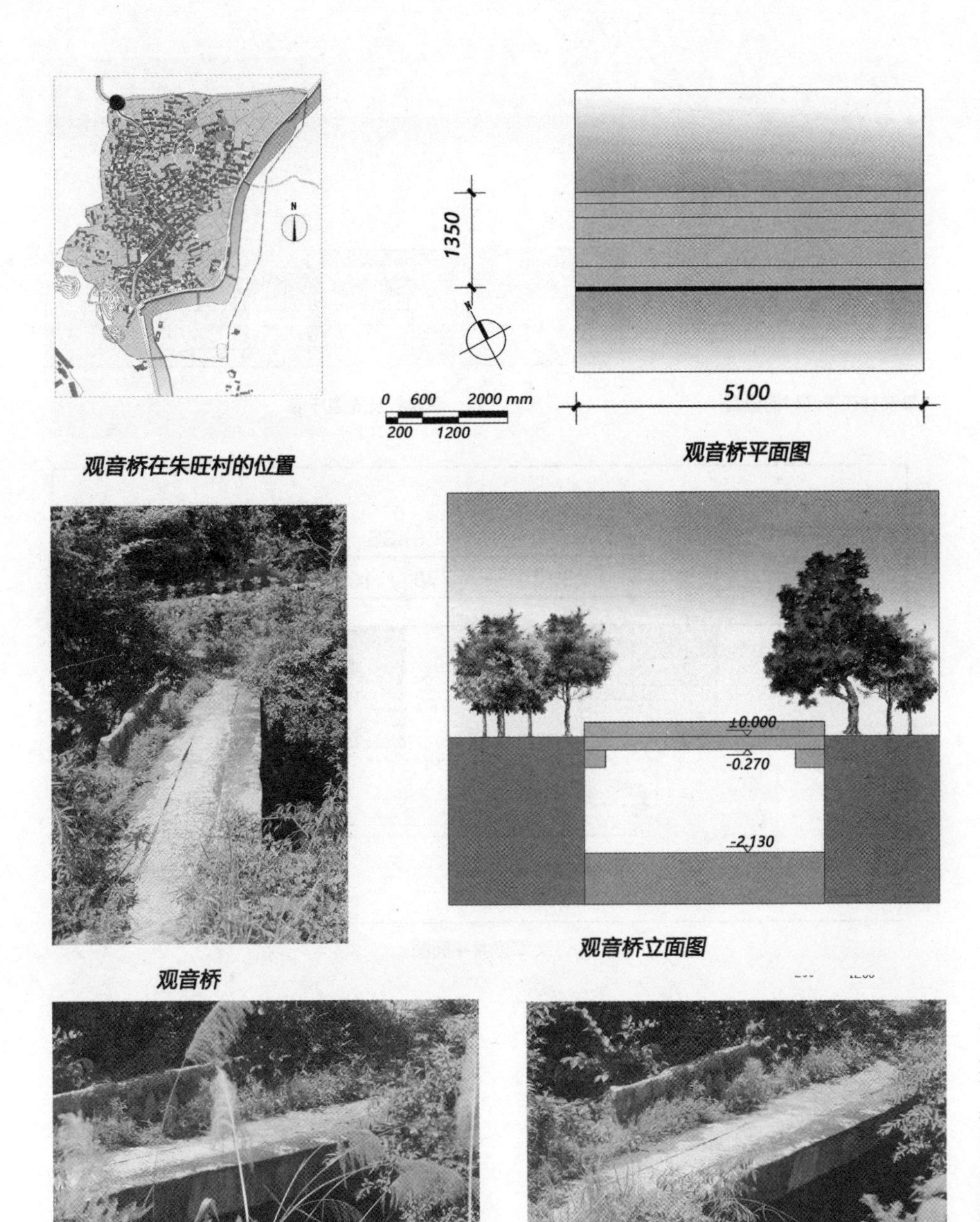

图 7－116　九井十三桥——观音桥

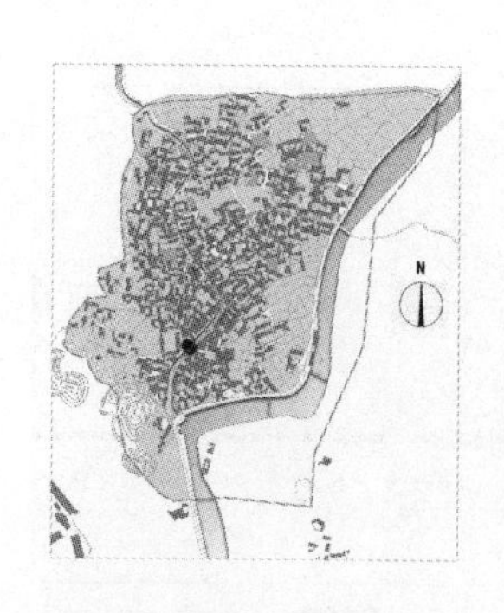

萃涣井在朱旺村的位置

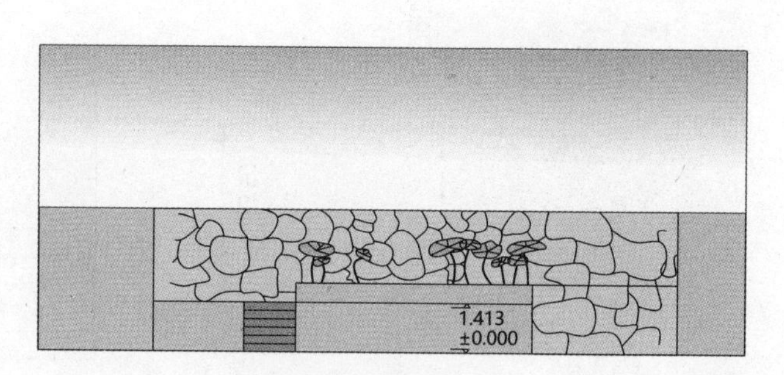

萃涣井及周边环境

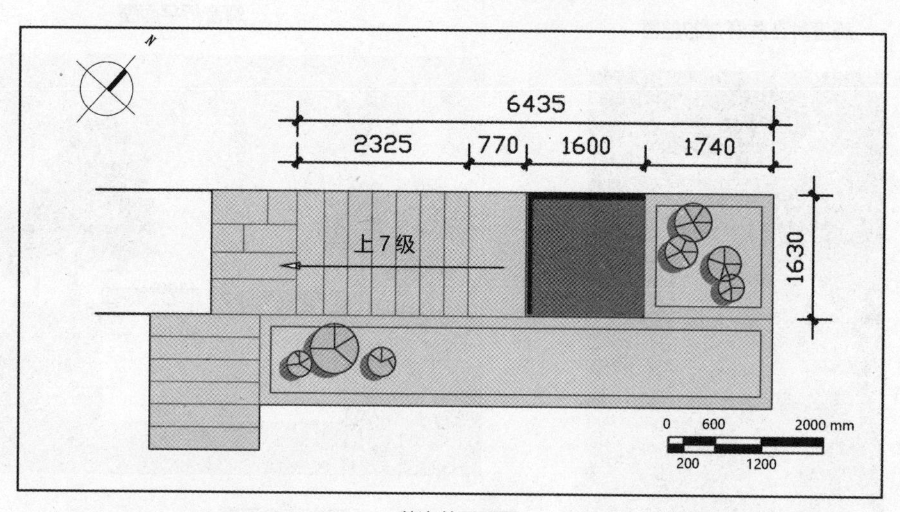

萃涣井平面图

萃涣井

萃涣井

图 7-117　九井十三桥——萃涣井

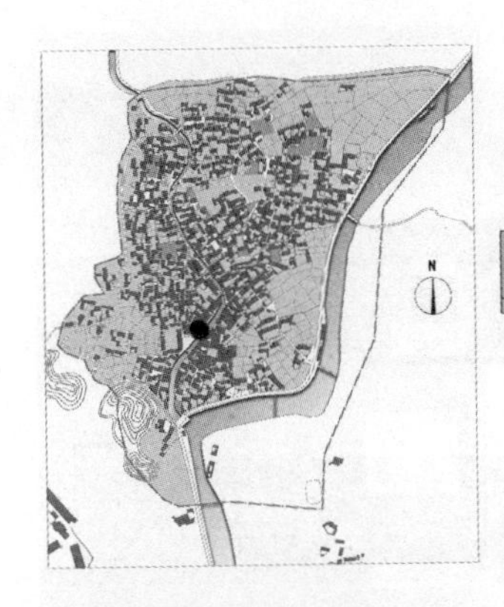
垂裕井在朱旺村的位置

垂裕井平面图

垂裕井和旁边的垂裕堂

垂裕井及周边空间环境

垂裕井和旁边的垂裕堂

垂裕井和旁边的垂裕堂

垂裕井旁边的垂裕堂

图 7－118　九井十三桥——垂裕井

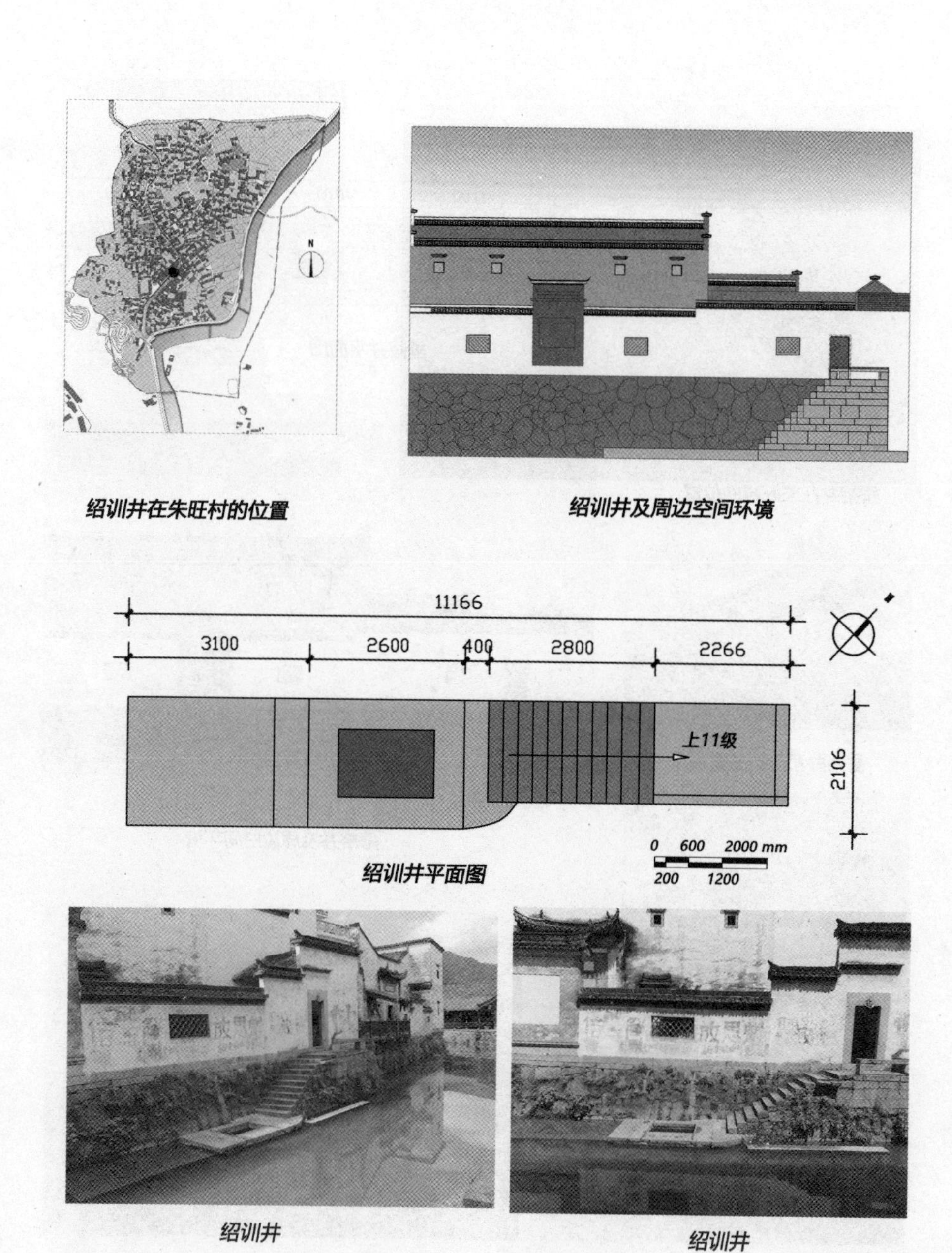

图 7－119　九井十三桥——绍训井

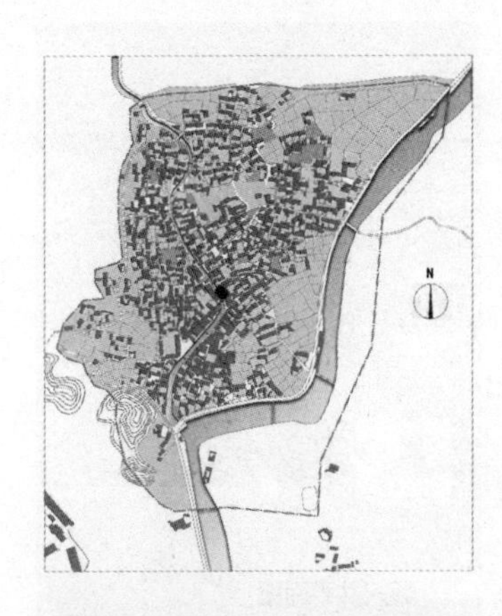

潭溪井和兴隆井在朱旺村的位置

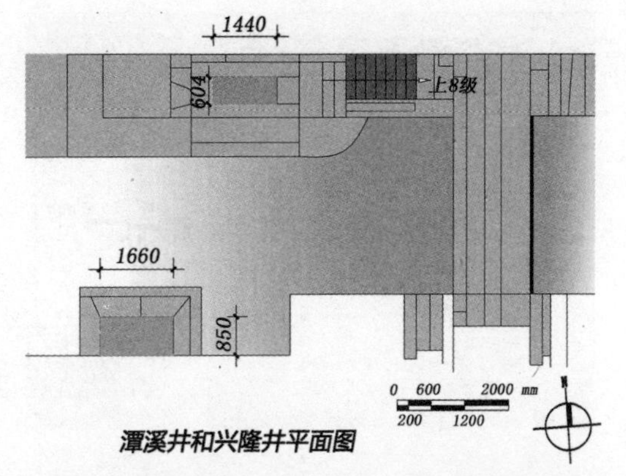

潭溪井和兴隆井平面图

兴隆井

潭溪井和兴隆井及周边空间环境

兴隆井

潭溪井

潭溪井

图 7－120　九井十三桥——潭溪井和兴隆井

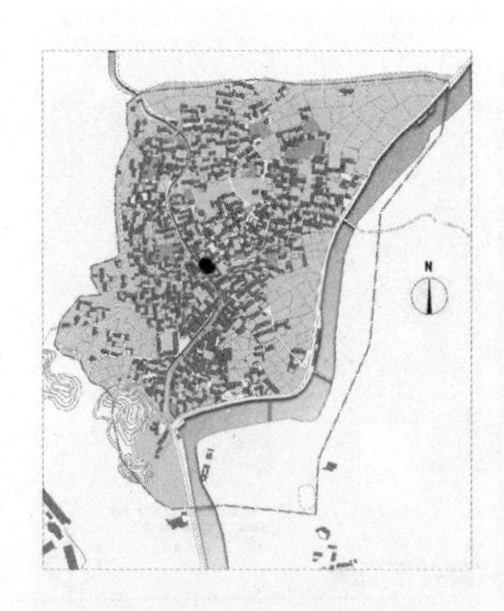

顺兴井在朱旺村的位置

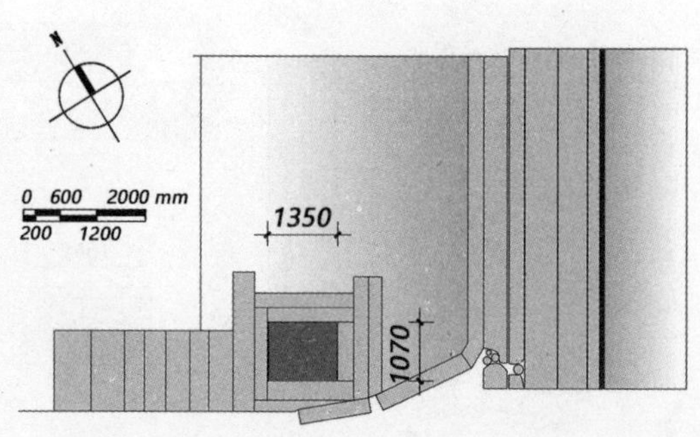

顺兴井平面图

顺兴井

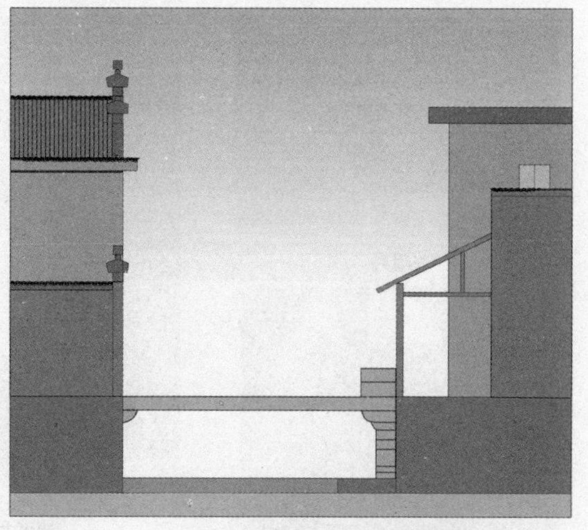

顺兴井及周边空间环境

顺兴井

顺兴井

顺兴井

图 7－121　九井十三桥——顺兴井

参考文献

[1] 刘沛林. 传统村落：和谐的人聚空间 [M]. 上海：三联书店，1998.

[2] 丁怀堂. 新农村建设中加强传统村落保护的思考 [J]. 徽州社会科学，2007，(6).

[3] 朱晓明. 试论传统村落的评价标准 [J]. 古建园林技术，2001，(4).

[4] 辞海 [M]. 上海：海辞书出版社，1980.

[5] 赵焰，张扬. 徽州老建筑 [M]. 合肥：安徽大学出版社，2011.

[6] 单德启. 安徽民居 [M]. 北京：建筑工业出版社，2015.

[7] 刘沛林. 风水——中国人的环境观 [M]. 上海：上海三联书店，2004.

[8] 陆林，凌善金，焦华富. 徽州村落 [M]. 合肥：安徽人民出版社，2005.

[9] 陈伟. 徽州传统乡村聚落形成和发展研究 [D]. 合肥：中国科技大学，2000.

[10] 杨立新. 皖南原始文化刍议 [J]. 文物研究，1991，(7).

[11] 朱永春. 徽州建筑 [M]. 合肥：安徽人民出版社，2005.

[12] 汪福祺，胡成业. 汪华及其家族断略 [J]. 徽州社会科学，2000，(1).

[13] 王冬梅. 徽州西递村建筑艺术的徽商文化表征 [J]. 长江大学学报，2013，(5).

[14] 姚光钰，陈王利. 徽州传统村落风水表征 [J]. 古建园林技术，2000，(2).

[15] 潘谷西. 中国建筑史 [M]. 北京：中国建筑工业出版社，2001.

[16] 程建军，孔尚朴．风水与建筑［M］．南昌：江西科技出版社，2005.

[17] 尚廓．中国风水格局的构成、生态环境与景观［M］．天津：天津大学出版社，1992.

[18] 杨柳．从得水到治水——浅析风水水法在古代城市营造中的运用［J］．城市规划，2002，（1）．

[19] 汉宝德．风水与环境［M］．天津：天津古籍出版社，2003.

[20] 姚邦藻．徽州学概论［M］．北京：中国社会科学出版社，2000.

[21] 王浩锋．宏村水系的规划与规划控制机制［J］．华中建筑，2001，（12）．

[22] 陈旭东．徽州传统村落对水资源合理利用的分析与研究［D］．合肥：合肥工业大学，2010.

[23] 汪森强．水脉宏村［M］．南京：江苏美术出版社，2004.

[24] 段进，揭明浩．空间研究4——世界文化遗产宏村古村落空间解析［M］．南京：东南大学出版社，2009.

[25] 丁俊清．江南民居［M］．上海：上海交通大学出版社，2008.

[26] 冉茂宇，刘煜．生态建筑［M］．武汉：华中科技大学出版社，2008.

[27]［唐］杨筠松著．陈明译．八宅明镜［M］．北京：世界知识出版社，2010.

[28]［日］芦原义信．街道的美学［M］．尹培桐，译．南京：凤凰文艺出版社，2017.

[29] 曹永沛．徽州古建筑“马头墙”的种类构造与做法［J］．古建园林技术，1990，（4）．

[30] 周锐．徽州古民居门楼装饰艺术研究［D］．安徽工程大学，2016.

[31] 吴欲成．中国门文化［M］．北京：中国国际广播出版社，2011.

[32] 刘敦祯文集（一）［M］．北京：中国建筑工业出版社，1982.

[33] 李允鉌．华夏意匠：中国古典建筑设计原理分析（1）［M］．天津：天津大学出版社，2005.

[34] 金其桢．中国牌坊［M］．重庆：重庆出版社，2002.

[35] 董鉴泓．中国城市建设史［M］．北京：中国建筑工业出版

社，2004.

[36] 万幼楠．中国古典建筑美术丛书——桥·牌坊 [M]．上海：上海人民美术出版社，1996.

[37] 李诫．营造法式 [M]．北京：人民出版社，2010.

[38] 梁思成．梁思成全集（一） [M]．北京：中国建筑工业出版社，2001.

[39] 梁思成．梁思成文集（三） [M]．北京：中国建筑工业出版社，1985.

[40] 刘仁义，金乃玲．徽州传统建筑特征图说 [M]．北京：中国建筑工业出版社，2015.

[41] 李忆南．徽州女仆·棠樾女祠 [J]．妇女研究论丛，1995，(2)．

[42] 胡善风，李伟．徽州古建筑的风水文化解析 [J]．中国矿业大学学报，2002，(3)．

[43] 杨玫．传统徽州人居空间与人的行为关系研究 [J]．合肥：合肥工业大学学报，2010，(4)．

[44] 杜翔．安徽宏村建筑空间自在生成研究 [D]．青岛：青岛理工大学，2015.

[45] 安徽建苑城市规划设计研究院．旌德县江村历史文化名村保护规划 [R]．

后　记

本著作是安徽省高校人文社会科学重点项目（SK2019A0427）和黄山学院徽文化类项目（2017xhwh013）的重要成果。

在成果即将出版之际，首先要特别感谢黄山学院校领导汪枫书记、胡善风副校长的倾情指导和大力支持；感谢教务处、科研处、建筑工程学院对课题小组的支持和帮助；还要感谢学院同事的关心、支持。

徽州传统村落数量多，遗存丰富，是徽文化重要的物质载体，无论是村落选址、空间布局、街巷布局、建筑单体设计等，都体现了独特的设计理念、风貌和别具一格的生态适应模式，具有丰富的建筑和文化内涵。具有重要的学术价值。多年来，不同学科背景的专家从不同视角展开研究，取得了众多的研究成果。近年来，随着城镇化的快速发展，曾经文化璀璨的传统村落不是面临“空心化”走向衰败，就是特色缺失，生态环境恶化。本书试图将其沉睡的活力元素进行发掘，以运用到“徽州文化生态保护试验区”的村落空间布局、建筑设计、景观设计、旅游形象设计及相关的开发利用中。在乡村振兴战略背景下，探索特色鲜明的发展模式。

作为一名徽州人，笔者十分珍视老祖宗留下的宝贵遗产，叹惜遗产的不断消逝，深感有责任、有义务尽绵薄之力保护珍贵的历史文化遗产。从2011年至今，我一直致力于此方面的研究；依托黄山学院科研平台，积极开展在教学和科研工作，承担了城乡规划专业特色性课程“徽州古村落规划”的教学。教学和科研过程中，我发现国内研究徽州古村落、徽州建筑的书籍很多，但大多从历史与文化角度进行分析，尚无适合作为城乡规划或建筑学学生使用的专业书籍，乃萌发出著述之念。然筚路蓝缕，深感任务艰巨，唯有砥砺前行。这些年，本人走遍典型徽州的传统村落，收集和拍摄了大量的实物图片，并多次带队并指导学生深入南屏、宏村、西递、江村、卢村、关麓、屏山、呈坎、朱旺村等地进行传统村落调研和古建筑测绘。

今天，终于将这些田野调查资料和掌握的文献认真核理，同时借助前人的研究成果，将自己对徽州传统村落规划的系统思考结集成书。感谢徐敏、卢子豪、袁媛、毛月华、童亮、叶建伟等在调研、数据处理、图纸绘制等工作中的付出。徽州传统村落规划研究课程博大精深，由于笔者时间和能力有限，本书存在诸多不足和遗憾，敬请广大读者批评指正。

方群莉

2019 年 10 月